QUANTUM COMPUTING FOR EVERYONE

人人可懂的量子计算

CHRIS BERNHARDT

【美】克里斯 · 伯恩哈特 /著

邱道文 周 旭 萧利刚
林一诺 朱祎康 /等译

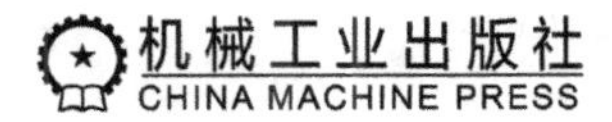

图书在版编目（CIP）数据

人人可懂的量子计算 /(美) 克里斯・伯恩哈特（Chris Bernhardt）著; 邱道文等译 . 一北京：机械工业出版社，2020.2（2023.10 重印）

书名原文：Quantum Computing for Everyone

ISBN 978-7-111-64668-6

I. 人… II. ①克… ②邱… III. 量子计算机 IV. TP385

中国版本图书馆 CIP 数据核字（2020）第 023835 号

北京市版权局著作权合同登记 图字：01-2019-5653 号。

人人可懂的量子计算

出版发行：机械工业出版社（北京市西城区百万庄大街 22 号 邮政编码：100037）
责任编辑：唐晓琳
责任校对：李秋荣
印 刷：固安县铭成印刷有限公司
版 次：2023 年 10 月第 1 版第 5 次印刷
开 本：147mm × 210mm 1/32
印 张：7.875
书 号：ISBN 978-7-111-64668-6
定 价：59.00 元

客服电话：（010）88361066 68326294

•• 译者序 ••

诺贝尔奖获得者 Feynman 于 20 世纪 80 年代初指出使用经典计算机难以有效模拟量子系统的演化，从而提出量子计算机的想法——遵循量子力学规律调控量子信息单元进行计算。1985 年，牛津大学的 Deutsch 建立了量子计算机的数学模型——量子图灵机，并提出量子 Church-Turing 命题——量子图灵机可以有效模拟现实中的任何计算模型。因此，量子计算不仅是新的计算模式，更是人类对计算更深刻的认识。

理论上已经证明量子计算至少不比经典计算弱。第一个量子算法是 Deutsch 提出的。之后 Deutsch 和 Jozsa 于 1992 年提出了比经典算法有指数优势的量子算法以解决 Deutsch-Jozsa（简称 D-J 问题），其后 Simon 提出了比经典算法有指数优势的量子算法——Simon 算法。特别是，受 Simon 算法思想的启发，Shor 于 1994 年提出了大数分解的多项式时间量子算法，而目前所知道的经典算法分解大数都是指数时间的。1996 年 Grover 发现了与经典算法相比具有平方加速的量子搜索算法。可以说，Deutsch、Jozsa 和 Simon 首先给出了量子算法的基本设计过程，Shor 和

Grover 分别发现了量子算法设计的两个基本方法，即量子相位估计和振幅放大方法。2009 年，Harrow、Hassidim 和 Lloyd 提出了具有指数加速的 HHL 量子算法求解线性方程组。量子计算的硬件设计也在不断发展，特别是 2019 年谷歌设计的 53 个比特的量子芯片——Sycamore，进一步显示了量子计算的优势。这或许也是发展通用量子计算机给人类带来实际应用的曙光。

21 世纪的今天，世界各国都意识到研究量子计算的重要性和可行性，从而纷纷发布各自的量子计算科技战略，争取实现有实际应用价值的“量子优势”。世界各高校也在大力发展量子计算学科。如今，量子计算已经成为大众应该了解和学习的知识之一。本书是 Chris Bernhardt 教授撰写的 *Quantum Computing For Everyone* 的中译本。原著共有九章，分别介绍了自旋，高等代数，自旋与量子比特，量子纠缠，Bell 不等式，经典逻辑，门和电路，量子门和电路，量子算法以及量子计算的作用，一般理工科本科学生都能读懂。中译本继承了原著者的思想和内容，旨在向读者介绍量子计算的基本知识，希望读者通过阅读本书对量子计算有基本的了解。

量子计算在我国引起了广泛重视，越来越多的高校和科研院所正在开展量子计算的研究，在理论和硬件方面已经取得了不少的成果。同时，各界的专家学者也关注和学习量子计算。虽然通用量子计算机的研发远未成熟，而且理论上还需要大力发展新的量子算法和量子计算模型，但是我们已经看到了量子计算机的发展充满希望。本书以尽可能浅显的方式向一般读者介绍量子计算的基本知识，译者希望本书能引起更多读者对量子计算的兴趣，吸引更多的人才投身于量子计算的研究之中。

邱道文
2019 年 11 月
于广州中山大学

·· 前　　言 ··

本书的目的是介绍量子计算，使得任何一个熟悉高中数学知识和愿意投入一点时间的人都能理解。我们将会学习量子比特、量子纠缠、量子隐形传态和量子算法，以及其他量子相关的主题。我们的目标不是对这些概念给出一些不明确的想法，而是使它们清晰明了。

量子计算经常出现在新闻中：中国通过隐形传态将一个量子比特从地球传送到一颗卫星上；Shor 算法使我们目前的加密方法面临风险；量子密钥分发将使加密再次变得安全；Grover 算法将加速数据检索。但这一切究竟意味着什么？这一切是如何运作的？所有这些都将在本书中得到解释。

不使用数学能做到这一点吗？如果我们想真正了解发生了什么，那就需要使用数学。量子力学的基本思想往往与直觉相悖。试图用文字来描述这些是行不通的，因为我们在日常生活中对它们没有经验。更糟糕的是，文字描述常常给人留下这样的印象：我们貌似理解了一些东西，而实际上我们还没有理解。好消息是，我们并不需要引入太多的数学知识。作为一名数学家，我的职责是尽可能地简化数学（坚持绝对的本质）并给出基本的例子来说明它的用法与含义。也就是说，这本书可能包含你以前从未见过的数学概念，而且和所有的数学知识一样，新的概念一开始可能看起来很奇怪。重要的是不要忽略这些例子，而且要仔细阅读计算的每一步。

量子计算是量子物理与计算机科学的完美融合，将20世纪物理学中一些最令人惊叹的观点融入一种全新的计算思维方式中。量子计算的基本单位是量子比特。我们将看到什么是量子比特以及测量量子比特时会发生什么。一个经典比特要么是0，要么是1。如果是0，我们测量它，得到0；如果是1，我们测量它，得到1。在这两种情况下，比特都保持不变。量子比特的情况则完全不同。一个量子比特可能是无限多个状态中的某一个——0和1的叠加态，但是当我们测量它时，和经典情况一样，我们只得到两个值中的一个——0或1。测量会改变量子比特，一个简单的数学模型可以精确地描述这一切。

量子比特还可能纠缠。当我们对其中一个进行测量时，会影响另一个的状态。这是我们在日常生活中没有经历过的，但我们的数学模型完美地描述了这种现象。

这三个概念——叠加、测量和纠缠——是量子力学的核心。一旦我们理解了这些概念，就能知道如何在计算中使用它们。这正体现了人类的聪明才智。

数学家通常认为：证明是美丽的，而且经常包含意想不到的见解。对于我们将要讨论的许多主题，我有完全相同的看法。贝尔定理、量子隐形传态和超密编码，这些都是珍宝。纠错线路和

Grover 算法更是相当惊人的。

读完本书，你应该理解了量子计算的基本概念，并会看到一些巧妙而漂亮的结构。同时，你还将认识到量子计算和经典计算并不是两个截然不同的学科。量子计算是计算的一种更基本的形式——任何经典计算机可以计算的都可以在量子计算机上计算。计算的基本单位是量子比特，而不是比特。从本质上讲，计算就是量子计算。

最后应该强调的是，本书是关于量子计算理论的介绍。它是关于软件的，而不是硬件的。虽然我们在某些地方简要地提到了硬件，偶尔也会讨论如何在物理上纠缠量子比特，但这些只是题外话。这本书讲的不是如何构建量子计算机，而是如何使用量子计算机。

以下是对这本书内容的简要描述。

第 1 章。经典计算的基本单位是比特。比特可以表示为处于两种可能状态之一的任何东西，标准例子是一个可以打开或关闭的电子开关。量子计算的基本单位是量子比特。这可以用电子的自旋或光子的偏振来表示，但自旋和偏振的性质对我们来说并不像开关打开或关闭那样熟悉。

我们先来看看自旋的基本性质。从奥托·斯特恩（Otto Stern）和瓦尔特·格拉赫（Walther Gerlach）的经典实验开始，他们在实验中研究了银原子的磁性。我们可以看到在不同方向上测量自旋会发生什么。测量会影响量子比特的状态。我们还会解释与测量相关的随机性。

该章的结论是，类似于自旋的实验可以用偏振滤光片和自然光来完成。

第 2 章。量子计算基于线性代数。幸运的是，我们只需要一小部分概念。该章介绍我们需要的线性代数知识，并说明在后面的章节中如何使用这些知识。

我们将介绍向量、矩阵、如何计算向量的长度以及如何判断两个向量是否垂直。首先介绍向量的初等运算，然后介绍矩阵是如何同时进行这些运算的。

起初这些知识的作用并不明显，但确实有用。线性代数是量子计算的基础。由于本书其余部分使用了这里介绍的数学知识，因此需要仔细阅读。

第 3 章。该章介绍前两章是如何联系在一起的。线性代数给出了自旋或偏振的数学模型，这使我们能够定义量子比特，并准确地描述测量时会发生什么。

接下来书中举了几个在不同方向上测量量子比特的例子。最后介绍量子密码学，并描述 BB84 协议。

第 4 章。该章描述两个量子比特纠缠的含义。使用文字很难描述纠缠，与之相对，使用数学描述则很简单。张量积是一种新的数学思想，这是将单量子比特组合成多量子比特最简单的方法。

虽然纠缠的数学描述很直观，但我们在日常生活中并不会接触到。当测量一对纠缠量子比特中的某一个时，会影响另一个。阿尔伯特·爱因斯坦（Albert Einstenin）不喜欢这种现象，并称之为“幽灵般的超距作用”。我们会看几个例子。

该章最后指出，我们不能使用纠缠来实现超光速通信。

第 5 章。我们看看爱因斯坦对纠缠的担忧，以及隐变量理论能否保持定域实在性。我们研究贝尔不等式的数学原理——这是一个显著的结果，它提供了一种实验方法来确定爱因斯坦的论点是否正确。虽然贝尔当时认为爱因斯坦的观点可能会被证明是正确的，但是爱因斯坦的观点是错误的。

阿图尔·埃克特（Artur Ekert）意识到，测试贝尔不等式的装置还可以用于生成密码学中使用的安全密钥，并同时测试是否存在窃听者。在该章的最后，我们描述了这种加密协议。

第6章。该章从计算的标准主题开始：比特、门和逻辑。然后简要地介绍可逆计算和爱德华·弗雷德金（Edward Fredkin）的想法。我们证明了Fredkin门和Toffoli门都是通用的——你可以仅使用Fredkin门（或Toffoli门）来构建一台完整的计算机。最后介绍Fredkin的台球计算机。尽管这并不是书中余下内容真正需要的，但它十足的独创性值得介绍。

这台计算机是由相互碰撞的球和很多墙组成的。它使人联想起粒子之间的相互作用。这激发了理查德·费曼（Richard Feynman）对量子计算的兴趣，费曼写了该领域最早的一些论文。

第7章。该章开始学习使用量子电路进行量子计算，并定义了量子门。我们将看到量子门如何作用于量子比特，并意识到我们一直在使用这种思想。我们只需要改变观点：不再认为正交矩阵作用于测量装置，而是作用于量子比特。我们还证明了一些有关超密编码、量子隐形传态、克隆和纠错的惊人结果。

第8章。这可能是最具挑战性的一章。我们会看到一些量子算法，并看到它们与经典算法相比计算的速度有多快。为了讨论算法的速度，我们需要引入复杂性理论中的思想。我们定义了查询复杂性后，就开始学习三个量子算法，并证明它们的查询复杂性比经典算法的更低。

量子算法揭示了正在解决的问题的基本结构，它不仅仅是量子并行的思想——把输入放进所有可能状态的叠加中。该章介绍了最后一部分数学知识——矩阵的 Kronecker 积。实际上，这部分知识的困难源于我们正在以一种全新的方式进行计算，而我们并没有使用这些新思想来解决问题的经验。

第 9 章。最后一章着眼于量子计算将对生活带来的影响。我们首先简要描述两个重要的算法，一个是彼得·肖（Peter Shor）发明的，另一个是洛夫·格鲁弗（Lov Grover）发明的。

Shor 算法提供了一种将大数分解为质因数的方法。这似乎并不重要，但我们的互联网安全依赖于分解质因数是个难以解决的问题。能够分解大质数的乘积威胁到我们当前计算机之间的安全交易。可能还要等一段时间，我们才能拥有足够强大的量子计算机来分解目前正在使用的这些大数，但这一威胁是真实存在的，而且它已经迫使我们思考如何重新设计计算机之间的安全对话方式。

Grover 算法适用于特殊类型的数据检索。我们展示了它是如何在一个小样例中工作的，并说明了它是如何在一般情况下工作的。Grover 算法和 Shor 算法都很重要，不仅因为它们可以解决问题，还因为它们引入了新思想。这些基本思想正在被纳入新一代算法中。

学习算法之后，我们转个话题，简要地看一下如何使用量子计算来模拟量子过程。究其本质，化学就是量子力学。经典计算化学的工作原理是利用量子力学方程，并用经典计算机进行模拟。这些模拟是近似的，忽略了细节。这种方法在很多情况下都很有效，但在某些情况下就行不通了。在这种情况下，你需要这些细节，而量子计算机应该能够提供。

该章还简要地介绍了实际机器的构建。这是一个快速发展的领域，第一批机器正在出售，“云”上甚至有一台人人都可以免费使用的机器。看来我们很快就会进入*量子霸权*时代。（我们会解释这意味着什么。）

本书的结论是，量子计算不是一种新型的计算，而是对计算本质的发现。

·· 致　谢 ··

我非常感谢许多人对本书出版提供的帮助。Mart Coleman、Steve LeMay、Dan Ryan、Chris Staecker 和三位匿名审稿人非常仔细地阅读了各版原稿，他们的建议和修正使这本书得到了极大的改进。我还要感谢 Marie Lee 和她在 MIT 出版社的团队，感谢他们所有人的支持和努力，将一份粗略的提案变成了这本书。

目　　录

第1章

自　　旋

所有的计算都包括三个过程，首先输入数据，然后根据一定的规则对输入进行操作，最后输出结果。对于经典计算来说，**比特**是数据的基本单位。对于量子计算来说，这个基本单位是**量子比特**（quantum bit）——通常缩写为 qubit。

一个经典比特对应于两个选项中的一个。任何处于两种状态之一的事物都可以表示成一个比特。稍后我们将看到各种各样的例子，其中包括逻辑语句的真假，开关打开或关闭，甚至台球的存在或不存在。

就像一个比特一样，一个量子比特包括这两种状态，但与比特不同的是，它也可以是这两种状态的组合。这是什么意思？两种状态的组合到底是什么？能代表量子比特的物理对象是什么？开关在量子计算中的类似物是什么？

量子比特可以用电子的自旋或光子的偏振来表示。尽管这是真的，但似乎没有特别的帮助，因为我们大多数人都不了解电子的自旋和光子的偏振，更不用说体验过。让我们从自旋和偏振的基本概念开始介绍。为此，我们引入奥托·斯特恩（Otto Stern）和瓦尔特·格拉赫（Walther Gerlach）在银原子自旋上所做的基础实验。

1922 年，尼尔斯·玻尔（Niels Bohr）的行星模型描述了当时人们对原子的理解。在这个模型中，原子是由一个原子核和环绕它的电子组成的，其中原子核带正电荷，电子带负电荷。电子轨道是圆形的，且被限制在一定的半径内。最内层轨道最多可以包含 2 个电子。一旦这层轨道被填满，电子就会开始填下一层轨道，第二层轨道最多可以容纳 8 个电子。银原子有 47 个电子，其中 2 个在最内层轨道上，下一层轨道上有 8 个，然后在第三层和第四层都有 18 个电子。这使得在最外层轨道上留下了 1 个孤电子。

现在，在圆形轨道上运动的电子产生磁场。内层轨道上的电子是成对的，其中一个电子朝着与另一个电子相反的方向旋转，从而使它们的磁场相互抵消。然而，最外层轨道上的单个电子产生的磁场不会被其他电子抵消。这意味着，原子作为一个整体，可以看作一个既有南极又有北极的小磁体。

Stern 和 Gerlach 设计了一个实验来测试这些磁体的南北轴取向是任意的还是特定的。他们发射一束银原子穿过一对磁体，如图 1.1 所示。磁体的 V 形设计使得南磁体的作用比北磁体更强。如果银原子是一个顶部为北、底部为南的磁体，它就会被装置的两个磁体所吸引，由于南磁体作用更强，所以粒子向上偏转。同样，如果银原子是一个顶部为南、底部为北的磁体，它会被装置的两个磁体所排斥，由于南磁体作用更强，所以粒子向下偏转。

通过该装置后，原子被收集在屏幕上。

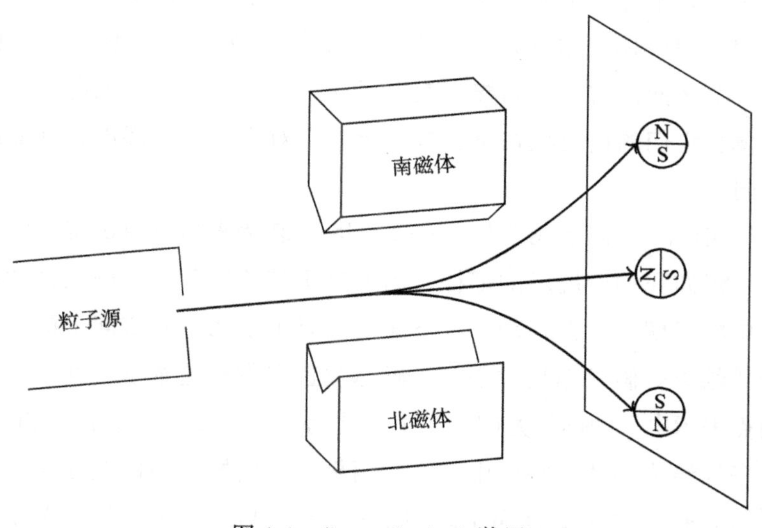

图 1.1　Stern-Gerlach 装置

从经典的观点来看，原子的磁极可以朝任何方向。如果它们是水平的，就不会发生偏转，而且一般来说，偏转的大小与原子的磁轴和水平轴的夹角相对应，当原子磁轴与水平轴垂直时，会发生最大偏转。

如果经典观点是正确的，当我们发射大量的银原子通过装置时，应该在屏幕上看到有一条从顶部到底部的连续的线。但 Stern 和 Gerlach 并没有发现这条线。当他们看屏幕时，发现只有两个点：一个在最上面，另一个在最下面。所有的原子都表现得像垂直排列的小条形磁体，并且都没有其他的方向。为什么会这样呢？

在开始更详细地分析发生了什么之前，我们把注意力从原子转移到电子上。不仅原子本身像小磁体一样，其组成部分也如此。在讨论量子计算机时，我们经常会讨论电子及其自旋。以银原子为例，如果你在垂直方向上测量自旋[⊖]，会发现电子要么向北偏转，要么向南偏转。同样，就像银原子一样，你会发现电子是小磁体，它们的南北极在垂直方向上完全对齐，并且都没有其他的方向。

实际上，你不能用 Stern-Gerlach 装置来测量自由电子的自旋，正如我们所展示的那样，因为电子带负电荷，磁场使移动的带电粒子偏转。也就是说，下面的图展示了在不同方向上测量自旋的结果。假设你是粒子源，磁体放置在你和这本书之间，图中的点表示电子的偏转方向。图 1.2a 显示了电子的偏转；图 1.2b 把电子描绘成磁体，并标出了南北两极。我们把这种情况描述为**电子的自旋 N 在垂直方向上**。图 1.3 显示了另一种可能性，**电子的自旋 S 在垂直方向上**。

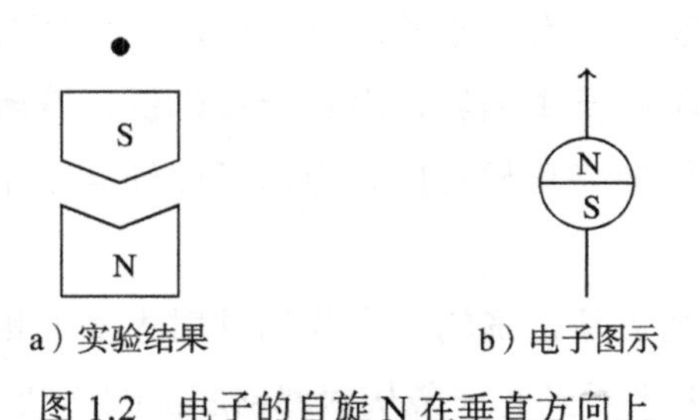

a）实验结果　　b）电子图示

图 1.2　电子的自旋 N 在垂直方向上

⊖ 我们将继续使用*自旋*这个术语，因为它是标准术语。但我们只是在确定磁体磁极的轴。

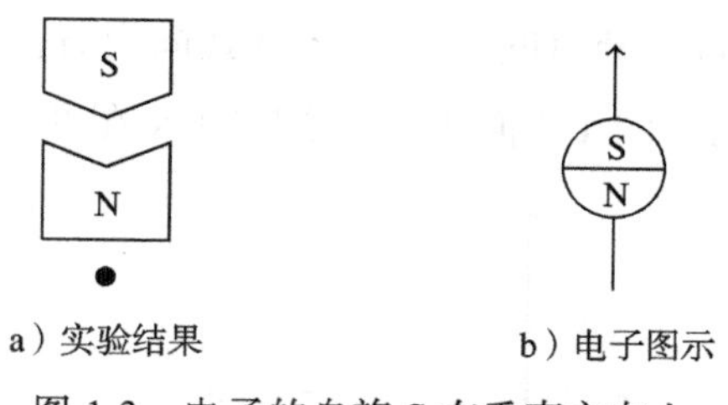

a）实验结果　　b）电子图示

图 1.3　电子的自旋 S 在垂直方向上

为了理解偏转，由于南磁体的作用比北磁体更强，所以要计算偏转的方向，你只需要考虑南磁体的作用。如果电子的北极靠近南磁体，那么它就会被吸引，并向南磁体方向偏转。如果电子的南极靠近南磁体，那么它就会被排斥，并向北磁体方向偏转。

当然，垂直方向没有什么特别的。例如，我们可以把磁体旋转 90°。电子仍然会朝北磁体或南磁体方向偏转。在这种情况下，电子表现为南北极在水平方向上对齐的磁体，如图 1.4 和图 1.5 所示。

a）实验结果　　b）电子图示

图 1.4　电子的自旋 N 在 90° 方向上

a）实验结果　　b）电子图示

图 1.5　电子的自旋 S 在 90° 方向上

在接下来的章节中，我们将要以不同的角度旋转磁体。我们会沿顺时针方向测量角度，0° 表示垂直向上方向，θ 表示与垂直向上方向的夹角。图 1.6 描述了一个自旋 N 在 θ 方向上的电子。

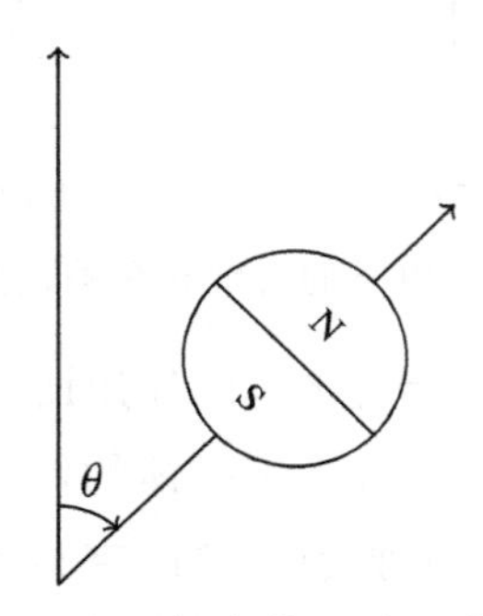

图 1.6　电子的自旋 N 在 θ 方向上

有时自旋被描述为*向上*、*向下*、*向左*或*向右*。我们描述电子的自旋 N 在 0° 方向上，这似乎有些烦琐，但是明确的。特别是当我们将装置旋转 180° 时，可以避免使用*向上*、*向下*等术语的一些缺陷。例如，图 1.7 中所示的两种情况都表示电子的自旋 N 在 0° 方向上，或者自旋 S 在 180° 方向上。

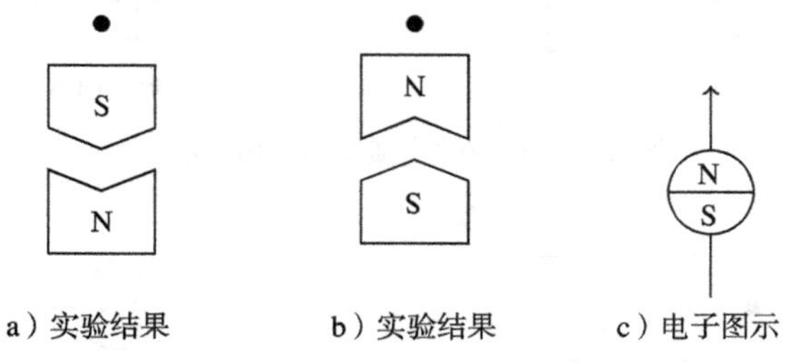

图 1.7　电子的自旋 N 在 0° 方向上

在我们继续学习电子自旋之前，先暂停一下，看看我们将会在多个地方用到的一个类比。

1.1 量子钟

想象一下，你有一个在标准位置上标记着小时的钟，上面也有一个指针。然而，你不能看钟，你只能向它问问题。你想知道指针指向哪个方向，所以你可能想问“指针指向哪个方向”这个简单的问题。但这是不允许的。你只允许问指针是否指向钟面上的特定数字。例如，你可以问，指针是否指向 12，或者你可以问它是否指向 4。如果这是一个普通的时钟，你必须非常幸运才能得到一个肯定的答案。大多数时候，指针会指向一个完全不同的方向。但是量子钟不像普通的时钟。它要么回答“是”，要么告诉你指针指向的方向和你问的方向正好相反。例如，我们问指针是否指向 12，它会告诉我们它是指向 12 还是指向 6。如果我们问指针是否指向 4，它会告诉我们它指向 4，或者指向 10。这是一种非常奇怪的状态，但它与电子自旋完全相似。

正如我们所说，电子自旋将会激发定义量子比特的想法。如果要做计算，我们需要理解控制自旋测量的规则。我们首先考虑当测量不止一次时会发生什么。

1.2 同一方向的测量

测量是可重复的。如果我们重复完全相同的测量，就会得到完全相同的结果。例如，为了测量在垂直方向上的电子自旋，我们在第一个装置后面放置另外两个装置，重复完全相同的实验。其中一个放置在适当的位置以捕获在第一个装置向上偏转的电子，另一个用来捕获向下偏转的电子。通过第一个装置向上偏转的电子被第二个装置向上偏转，通过第一个装置向下偏转的电子被第二个装置向下偏转。这意味着，如果最初测到电子的自旋 N 在 0° 方向上，那么当我们重复实验时，该电子的自旋 N 仍在 0° 方向上。同样，如果最初测到电子的自旋 S 在 0° 方向上，那么当我们重复实验时，该电子的自旋 S 仍在 0° 方向上。与我们的钟类比，如果反复问指针是否指向 12，我们会得到同样的答案：要么总是指向 12，要么总是指向 6。

当然，在垂直方向上测量没有什么特别的。如果我们在 θ 方向上测量，然后在该方向重复测量，我们每次都将获得相同的结果。我们最终会得到一串完全由 N 组成的字符串或一串完全由 S 组成的字符串。

接下来要考虑的是如果不重复同样的测量会发生什么。例如，如果先垂直测量，然后水平测量，会发生什么？

1.3 不同方向的测量

我们首先在垂直方向上测量电子的自旋，然后在水平方向上测量。我们发送电子流通过第一个探测器——测量在垂直方向上的自旋。和之前一样，我们在第一个探测器后面的适当位置还放置了两个探测器，捕获来自第一个探测器的电子。不同之处在于，这两个探测器都旋转了 90° ，且在水平方向上测量自旋。

首先，我们来看看通过第一个探测器向上偏转的电子——它们的自旋 N 在 0° 方向上。当它们通过第二个探测器时，我们发现：

其中一半电子的自旋 N 在 90° 方向上，另一半的自旋 S 在 90° 方向上。南北自旋的序列在 90° 方向上是完全随机的。若一个电子的自旋 N 在 0° 方向上，当我们在 90° 方向上再次测量它时，无法判断它是自旋 S 还是自旋 N。同样的结果也适用于第一个探测器显示的自旋 S 在垂直方向上的电子——恰好一半电子的自旋 N 在水平方向上，另一半的自旋 S 在水平方向上。同样，N 和 S 的序列是完全随机的。

量子钟也有类似的问题，询问指针是否指向 12，然后询问它是否指向 3。如果我们有大量的钟，且都问这两个问题，第二个问题的答案将是随机的：一半的钟会说指针指向 3，另一半会说指向 9。第一个问题的答案与第二个问题的答案无关。

最后，我们来看看进行三次测量时会发生什么。我们先垂直测量，然后水平测量，再垂直测量。考虑来自第一个探测器的电子，它们的自旋 N 在 0° 方向上。我们知道当在 90° 方向上测量自旋时，它们中的一半是自旋 N，另一半是自旋 S。我们将把注意力放在前两次测量都是自旋 N 的电子上。对于第三次测量，测量垂直方向上的自旋。我们发现：恰好有一半电子的自旋 N 在 0° 方向上，另一半的自旋 S 在 0° 方向上。再一次，N 和 S 的序列是完全随机的。当我们再次在垂直方向上测量时，电子最初的自旋 N 与它是否仍是自旋 N 无关。

我们能从这些结果中得出三个重要的结论。

第一，如果我们一直重复同样的问题，会得到完全相同的答案。这意味着，有时候我们会得到明确的答案，并不是每个问题都会得到随机答案。

第二，随机性似乎确实存在。如果我们问一系列问题，最终的结果可能是随机的。

第三，测量会影响结果。我们看到，如果我们问三次同样的问题，会得到三次完全相同的答案。但是，如果第一个和第三个问题是相同的，而第二个问题是不同的，那么第一个和第三个问题的答案不一定相同。例如，如果连续问三次指针是否指向 12，我们每次都得到相同的答案；但如果我们首先问它是否指向 12，然后再问它是否指向 3，最后问它是否指向 12，第一个和第三个问题的答案不一定是相同的。这两种情况之间的唯一区别是第二个问题，所以这个问题必定会影响接下来的问题的结果。我们将从测量开始，对这些观测做更多的介绍。

1.4 测量

在经典力学中，我们考虑将球抛向空中的路径，而且路径可以用微积分来计算。但是为了进行计算，我们需要知道一些特定的量，比如球的质量和初速度。如何测量这些量并不是理论的一部分，我们只假设这些是已知的。隐含的假设是，测量的行为对问题并不重要——进行测量不会影响正在建模的系统。对于一个球被抛向空中的例子，这是合理的。例如，我们可以用雷达枪测量它的初速度。这涉及从球上反弹光子，尽管反弹光子会对球产生影响，但这可以忽略不计。这是经典力学的基本原理：测量会影响被研究的对象，但可以设计实验，使测量的效果可忽略不计。

在量子力学中，我们经常考虑像原子或电子这样的微小粒子。

在这里，反弹光子对它们的影响不再是可以忽略的了。为了执行一些测量，我们必须与系统交互。这些相互作用会扰乱系统，所以我们不能再忽视它们。测量成为理论的基本组成部分似乎并不令人惊讶，但令人惊讶的是如何做到这一点。例如，考虑这样一种情况：我们首先在垂直方向上测量电子的自旋，然后在水平方向上测量。我们已经看到，经过第一个探测器后，恰好有一半电子的自旋 N 在 0° 方向上，当用第二个探测器测量后，电子的自旋 N 在 90° 方向上。似乎磁体的强度对结果有一定的影响。也许它们的强度相当大，使电子的磁轴扭曲，与测量装置的磁场对齐。如果用较弱的磁体，扭曲会减小，我们可能会得到不同的结果。然而，我们并不是用这样的方式将测量纳入理论的。我们将看到，模型没有考虑测量的“强度”。相反，无论测量是如何进行的，真正对系统产生影响的是测量的实际过程。稍后我们将描述量子力学中测量自旋的数学模型。每次进行测量时，我们都会看到系统以某些规定的方式发生变化。这些规定的方式取决于测量的类型，而不是测量的强度。

将测量纳入理论是经典力学和量子力学的区别之一，而另一个区别是随机性。

1.5 随机性

量子力学涉及随机性。例如，如果我们首先在垂直方向测量电子的自旋，然后在水平方向测量，并记录第二个测量装置的测量结果，我们会得到由 N 或 S 组成的一串字符串。这个自旋序列是完全随机的，例如，它可能看起来像NSSNNNSS…。

抛一枚均匀硬币是一个经典实验，它可以产生两个符号的随机序列，且每个符号出现的概率为二分之一。如果我们抛一个均匀的硬币，可能会得到序列HTTHHHTT…。尽管这两个例子产生了相似的结果，但在这两个理论中，对随机性的解释有很大的不同。

抛硬币是经典力学描述的事情，可以用微积分来建模。要计算硬币是正面朝上还是反面朝上，首先需要仔细测量初始条件：硬币的重量、离地高度、拇指对硬币的撞击力、拇指撞击硬币的准确位置、硬币的位置等。考虑到所有这些值，这个理论会告诉我们硬币是正面还是反面朝上。这没有包含真随机性。抛硬币似乎是随机的，因为每次抛硬币的初始条件都略有不同。这些微小的变化可以将结果由正面变为反面，反之亦然。在经典力学中没有真随机性，只有*对初始条件的敏感依赖*——输入的微小变化可以被放大，并产生完全不同的结果。量子力学中关于随机性的基本观点是不同的：随机性就是真随机性。

正如我们看到的，从两个方向的自旋测量中得到的序列NSSNNNSS…，其被认为是真随机的。抛硬币得到的序列HTTHHHTT…，这看起来是随机的，但是物理的经典定律是确定的，如果我们能以无限的精度进行测量，这种明显的随机性就会消失。

在这个阶段，人们自然会对此提出质疑。爱因斯坦当然不喜欢这样的解释，他有句名言：上帝不会掷骰子。难道就没有更深层次的理论吗？如果我们知道更多关于电子初始构型的信息，难道最终的结果不是随机的而是完全确定的？难道不存在隐变量吗？一旦我们知道了这些变量的值，明显的随机性就会消失吗？接下来，我们会介绍真随机性中用到的数学理论，之后再考虑这些问题。我们将描述一个巧妙的实验来区分隐变量和真随机性假设。这个实验已经做过好几次了。结果表明：随机性是真随机的，没有简单的隐变量理论可以消除它。

我们在这一章的开头就提到，量子比特可以用电子的自旋或光子的偏振来表示。我们将展示自旋的模型和偏振是如何联系在一起的。

1.6　光子与偏振

人们常说，我们没有意识到奇怪的量子现象，是因为它们只发生在非常小的尺度上，而且这些现象在我们日常生活中并不明显。这是有一定道理的，但是有一类完全类似于测量电子自旋的实验，只需要很少的仪器就可以完成。它与偏振光有关。

要做这类实验，你需要三个线性偏振膜方块。首先取两个方块，把一个放在另一个的前面。保持一个方块固定，另一个可做 90° 旋转。当这对滤光片沿同一个方向排列时，你会发现光线能通过滤光片，但当其中一个滤光片旋转 90° 时，光线会被完全阻挡。这并不特别令人兴奋。现在旋转两个滤光片，使光线无法通过。然后取第三个滤光片，旋转 45°，并在另外两个滤光片之间滑动。令人惊讶的是，没有光通过原来两个滤光片重叠的区域，但是在三个滤光片重叠的区域有光通过。

几年前我听说过这个用三个滤光片做的实验。我问一位物理学家朋友是否有偏振片，他邀请我去他的实验室，那里有一大卷偏振片。他切下一块给了我，我用剪刀把它剪成三片大约一平方英寸的方块，然后做了这个实验，结果成功了！这个实验如此简单，却又如此令人惊讶。从那以后，我一直把这三个方块放在钱包里。

在测量偏振时，我们发现光子在两个垂直的方向上是偏振的，这两个方向都垂直于光子的运动方向。偏振方块通过在其中一个方向上偏振的光子，而吸收在另一个方向上偏振的光子。偏振方块对应于Stern-Gerlach装置。发射光通过方块可以被认为是一种测量。与自旋一样，有两种可能的结果：要么偏振方向与方块的方向直接对齐，在这种情况下，光子通过；要么偏振方向与方块的方向垂直，在这种情况下，光子被吸收。

我们首先假设方块在垂直方向上，这样它就可以通过垂直偏振的光子，且吸收水平偏振的光子，然后考虑一些与我们描述的电子自旋相对应的实验。

首先，假设我们有两个方向相同的方块，那么它们都通过垂直偏振的光子。如果我们单独看这些方块，它们看起来是灰色的，这是意料之中的，它们都吸收水平偏振的光子。如果我们把其中一个方块滑动到另一个方块上，则变化很小。两个方块重叠时通过的光子数与不重叠时通过的光子数大约是相同的，如图1.8所示。

现在我们将其中一个方块旋转90°。假设我们看到的不是在光泽表面上的反射光，而是可能来自电脑屏幕的光。但在正常的光线条件下，水平偏振的光子的比例等于垂直偏振的光子的比例，且两个方块看起来都是灰色的。我们重叠这些方块并重复实验。这一次没有光子通过重叠区域，如图 1.9 所示。

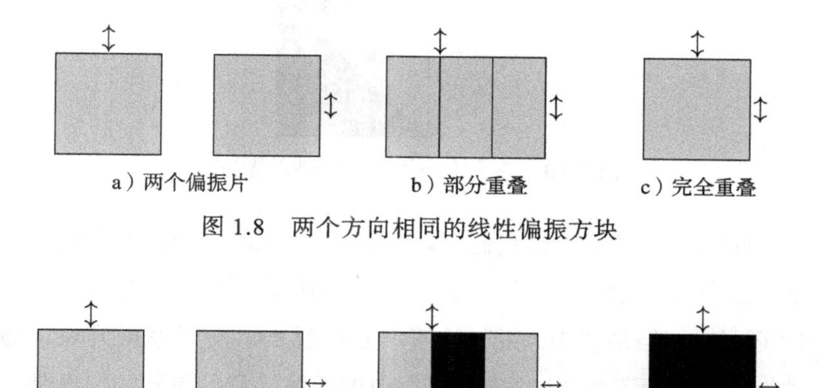

a）两个偏振片　　b）部分重叠　　c）完全重叠

图 1.8　两个方向相同的线性偏振方块

a）两个偏振片　　b）部分重叠　　c）完全重叠

图 1.9　两个方向不同的线性偏振方块

第三个实验是把第三个偏振片旋转 45°。在正常的光照条件下，当我们旋转方块时，什么都不会发生，它保持同样的灰色。现在，我们把这个方块滑动到另外两个方块之间，其中一个在垂直方向上，另一个在水平方向上。正如我们之前提到的，这个结果既令人惊讶又不直观：一些光穿过三个方块的重叠区域（如图 1.10 所示）。这些偏振方块有时被称为滤光片，但很明显，它们的作用方式与传统滤光片的作用方式不同，穿过三个滤光片的光比穿过两个滤光片的光多！

我们将对上述情形做一个简述。稍后我们将看到描述自旋和偏振的数学模型。

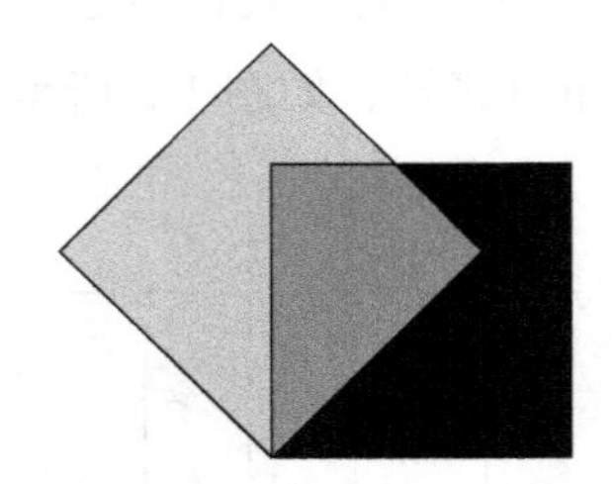

图 1.10　三个方向不同的线性偏振方块

回顾一下量子钟，我们可以问指针是否指向 12，或者问指针是否指向 6。我们从这两个问题中得到的信息是指针所指的数字是 12 还是 6，但是“是 / 否”的答案是相反的。对于偏振方块，通过旋转 90° 而不是 180° 来提出类似的问题。我们得到的信息是一样的。不同之处在于，如果答案是肯定的，光子就会通过滤光片，我们可以对它进行更多的测量。但如果答案是否定的，滤光片就会吸收光子，所以我们不能问更多的问题。

前两个实验只涉及两个偏振片，且告诉我们完全相同的事情：重复测量时，会得到相同的结果。在这两个实验中，我们在垂直和水平方向上测量了两次偏振。在这些实验中，通过第一个滤光片的光子具有垂直方向。第一个实验中，第二个滤光片也有垂直方向，我们问了两次同样的问题，“光子是垂直偏振的吗？”我们得到了两次“是”的答案。在第二个实验中，第二个问题变成了“光子是水平偏振的吗？”得到的答案是“否”。两个实验都给了我们相同的信息，但是第二个实验中第二个问题的否定答案意味着光子被吸收了。因此，与第一个实验不同，它不能作进一步的提问。

在第三个实验中，滤光片旋转了 45°，现在在 45° 和 135° 的方向上测量偏振。我们知道穿过第一个滤光片的光子是垂直偏振的。当用第二个滤光片测量时，发现一半的光子是 45° 偏振的，另一半是 135° 偏振的。45° 偏振的光子穿过滤光片，其余的光子被吸收。第三个滤光片再次在垂直和水平方向上测量偏振，进入的光子是 45° 偏振的。当在垂直和水平方向上测量时，一半的光子是垂直偏振的，另一半是水平偏振的。滤光片吸收垂直偏振的光子，并让那些水平偏振的光子穿过。

1.7 小结

我们在这一章的开头说过，经典比特可以用日常物品来表示，比如开关打开或关闭，但量子比特通常用电子的自旋或光子的偏振来表示。对我们来说，自旋和偏振并不那么熟悉，它们的性质与经典的自旋和偏振截然不同。

要测量自旋，首先要选择一个方向，然后沿该方向测量。自旋是量子化的：当被测量时，它只给出两个可能的答案，而不是一个连续的范围。我们可以用经典比特给这些结果赋值。例如，如果我们得到 N，可以把它看成 0；如果得到 S，把它看成 1。这正是我们从量子计算中得到答案的方法。计算的最后一步是测量，结果将是两种情况之一，可以解释为 0 或 1。虽然实际的计算涉及量子比特，但最终的答案将是用经典比特来表示的。

我们刚刚开始学习，所以能做的很有限。然而，我们可以生成二进制的随机字符串。生成N和S的随机字符串的实验可以改写为0和1的字符串。因此，首先在垂直方向上测量电子的自旋，然后在水平方向上测量，得到一个由0和1组成的随机串。这可能是我们能用量子比特做的最简单的事情，但令人惊讶的是，这是经典计算机做不到的。经典计算机是确定的，它们可以计算通过了各种随机性测试的字符串，但这些字符串是伪随机的，而不是真随机的——它们是由某个确定的函数计算出来的，如果你知道这个函数和初始种子输入，就可以计算出完全相同的字符串。没有经典算法可以生成真随机的字符串。因此，我们已经看到量子计算比经典计算有优势。

在开始描述其他量子计算内容之前，我们需要建立一个精确的数学模型来描述在不同的方向上测量自旋时发生了什么。我们将在下一章开始学习线性代数——与向量相关的代数。

第2章

线性代数

量子力学基于线性代数，一般性理论使用无穷维向量空间。幸运的是，我们只需要有限维就可以描述自旋和偏振，这样一来事情就变得简单多了。事实上，我们只需要很少的工具，在本章的最后会列出一个表单。本章的剩余部分将会解释如何使用这些工具以及这些计算的含义。文中有很多例子，很有必要仔细地学习它们。这里介绍的数学知识对于后面的内容是必不可少的。和很多数学运算一样，第一次见到会觉得很复杂，练习之后它将几乎成为你的第二本能。实际使用的计算只涉及数字的加法、乘法，偶尔会涉及平方根和三角函数计算。

我们将会使用保罗·狄拉克（Paul Dirac）符号，保罗·狄拉克是量子力学的创始人之一，他的符号在量子力学和量子计算中被广泛使用。这种符号在这些学科以外并没有被广泛使用，你将会惊讶地看到它是多么优雅和有用。

不过，首先将简短地介绍一下我们将要使用的数字，那就是实数——我们非常熟悉的标准十进制数字。几乎所有其他关于量子计算的书都使用复数——涉及 -1 的平方根，所以首先来解释一下为什么我们不打算使用复数。

2.1 复数与实数

实数可以直接使用，而复数更加复杂。为了讨论这些数字，我们将不得不讨论其模量并解释为什么必须使用共轭。复数对于我们将要做的事情并不是必需的，而且它只会增加另一种层面上的困难。你一定会问，那为什么其他书籍都使用复数呢？什么是复数能做而实数做不了的呢？让我来简单地回答一下这些问题。

回想之前我们从不同的角度测量一个电子的自旋，这些角度全在同一个平面上，而我们生活在一个三维的世界。我们将测量自旋和使用量子钟做对比，只能询问由二维平面旋转的指针所决定的方向。如果使用三维空间，我们的类比就不再是表盘，而是一个绕着中心旋转的指针所指向的球面。例如，如果我们询问指针是否指向纽约，答案要么是指向纽约，要么是指向纽约正对面的点。在三维空间中自旋的模型使用复数，然而接下来我们将看到的涉及量子比特的计算只需要在二维平面测量自旋。因此尽管使用实数描述不如复数强大，但这正是我们需要的。

复数提供了一种优雅的方式将三角函数和指数函数联系起来。在本书的后面我们将看到 Shor 算法，不使用复数将难以解释这个算法。这个算法还需要连分数、数论的结果以及素数判别算法的运行速度。如果我们想要讲清楚 Shor 算法的全部细节，需要在数学复杂性和知识层面上有巨大提升。因此，我们只会描述算法的基础思想，并解释它们是如何组合起来的。同样，我们的描述只使用实数。

因此对于我们将要做的事情，复数不是必需的。但是如果阅读本书后，你想要继续学习量子计算，对于更多的高级主题，复数是必需的。

现在已经解释了为什么要使用实数，我们将开始学习向量和矩阵。

2.2 向量

一个向量就是一个数字列表，向量的维度就是列表中数字的个数。如果列表是竖直书写的，称为列向量或者 ket；如果列表是水平书写的，称为行向量或者 bra。组成向量的数字通常被称为元素。为了更好地说明，这里有一个三维的 ket 和一个四维的 bra：

$$\begin{bmatrix} 2 \\ 0.5 \\ -3 \end{bmatrix}, \begin{bmatrix} 1 & 0 & -\pi & 23 \end{bmatrix}$$

ket 和 bra 的名字来源于保罗·狄拉克，他同时引入了两种向量的符号：一个名为 v 的 ket 记作 $|v\rangle$；一个名为 w 的 bra 记作 $\langle w|$。所以我们可以写成

$$|v\rangle = \begin{bmatrix} 2 \\ 0.5 \\ -3 \end{bmatrix}, \langle w| = \begin{bmatrix} 1 & 0 & -\pi & 23 \end{bmatrix}$$

之后将会看到使用两种不同的符号来环绕名字以及尖括号朝向的原因，不过现在重要的是记住 ket 表示列向量而 bra 表示行向量。

2.3 向量的图解

二维或三维的向量可以画作箭头。我们将使用 $|a\rangle=\begin{bmatrix}3\\1\end{bmatrix}$ 这个例子。(在接下来的内容中我们会经常使用 ket 作为示例，不过如果你喜欢可以替换成 bra。) 在这个例子中，第一个元素 3 表示从起点到终点 x 轴的改变量，第二个元素 1 表示从起点到终点 y 轴的改变量。我们可以用任意起点画出这个向量——如果选择 (a,b) 作为起点，那么终点的坐标将是 $(a+3,b+1)$。注意，如果起点选择在原点，那么终点的坐标就是向量中的元素。这是很方便的，我们经常把向量画在这个位置。图 2.1 显示了同一个 ket 以不同起点的表示。

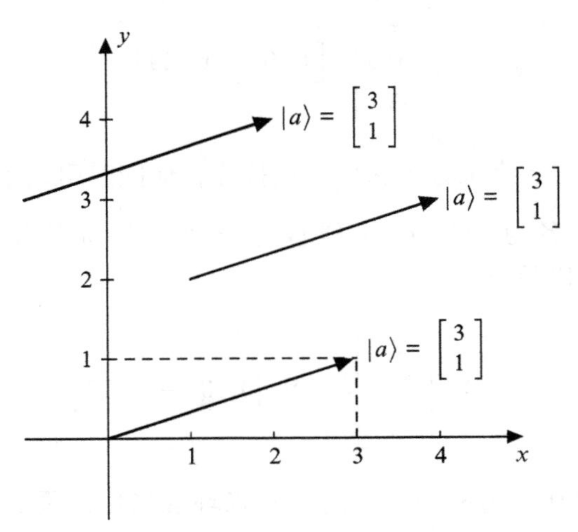

图 2.1 同一 ket 画在不同位置

2.4 向量的长度

向量的长度是指从起点到终点的距离，这个距离是所有元素平方和的平方根。（这来自毕达哥拉斯定理。）我们将$|a\rangle$的长度记作$\||a\rangle\|$，所以对于$|a\rangle=\begin{bmatrix}3\\1\end{bmatrix}$，有$\||a\rangle\|=\sqrt{3^2+1^2}=\sqrt{10}$。更一般的情况是，如果$|a\rangle=\begin{bmatrix}a_1\\a_2\\\vdots\\a_n\end{bmatrix}$，那么$\||a\rangle\|=\sqrt{a_1^2+a_2^2+\cdots+a_n^2}$。

长度为1的向量称作单位向量，之后，我们将会看到量子比特被表示为单位向量。

2.5 标量乘法

我们可以将一个向量乘以一个数字。（在线性代数中，数字通常被称作标量。标量乘法就是指乘以一个数字，就是把向量中的每个元素乘以这个数字。）例如，将向量$|a\rangle=\begin{bmatrix}a_1\\a_2\\\vdots\\a_n\end{bmatrix}$乘以一个数字$c$得到$c|a\rangle=\begin{bmatrix}ca_1\\ca_2\\\vdots\\ca_n\end{bmatrix}$。

可以直接验证，一个向量乘以一个正数 c 就是把它的长度乘以 c。我们可以使用这个事实得到任意长度的指向同一方向的向量。特别地，我们经常想要得到一个指向某个非零向量方向的单位向量。给定任意非零向量 $|a\rangle$，它的长度是 $\| a\rangle|$，如果将 $|a\rangle$ 乘以其长度的倒数，我们就获得了一个单位向量。例如，如果 $|a\rangle=\begin{bmatrix}3\\1\end{bmatrix}$，那么 $\| a\rangle|=\sqrt{10}$。如果令

$$|u\rangle=\frac{1}{\sqrt{10}}\begin{bmatrix}3\\1\end{bmatrix}=\begin{bmatrix}\frac{3}{\sqrt{10}}\\\frac{1}{\sqrt{10}}\end{bmatrix}$$

那么

$$\| u\rangle|=\sqrt{\left(\frac{3}{\sqrt{10}}\right)^2+\left(\frac{1}{\sqrt{10}}\right)^2}=\sqrt{\frac{9}{10}+\frac{1}{10}}=\sqrt{1}=1$$

因此，$|u\rangle$ 就是和 $|a\rangle$ 具有相同方向的单位向量。

2.6 向量加法

给定两个相同类型的向量（同时是 bra 或者 ket）并且它们具有相同的维度，我们可以将它们相加得到一个相同类型和维度的新向量。新向量的第一个元素就是两个向量第一个元素的和，第二个元素就是两个向量第二个元素的和，等等。例如，如果

$|a\rangle = \begin{bmatrix} a_1 \\ a_2 \\ \vdots \\ a_n \end{bmatrix}$ 并且 $|b\rangle = \begin{bmatrix} b_1 \\ b_2 \\ \vdots \\ b_n \end{bmatrix}$，那么 $|a+b\rangle = \begin{bmatrix} a_1+b_1 \\ a_2+b_2 \\ \vdots \\ a_n+b_n \end{bmatrix}$。

向量加法的图解经常被称作向量加法的平行四边形法则。如果向量 $|b\rangle$ 的起点选取为向量 $|a\rangle$ 的终点，那么从 $|a\rangle$ 的起点到 $|b\rangle$ 的终点的向量就是 $|a+b\rangle$，这画出来是一个三角形。

我们可以交换 $|a\rangle$ 和 $|b\rangle$ 的角色，将 $|a\rangle$ 的起点选取为 $|b\rangle$ 的终点，那么从 $|b\rangle$ 的起点到 $|a\rangle$ 的终点的向量就是 $|b+a\rangle$。同样，这也给出了一个三角形。我们知道 $|a+b\rangle = |b+a\rangle$，所以如果我们画出 $|a+b\rangle$ 和 $|b+a\rangle$ 的三角形构造，那么这两个向量拥有相同的起点和终点，这两个三角形拼在一起是一个平行四边形，并且该平行四边形的对角线表示 $|a+b\rangle$ 和 $|b+a\rangle$。图 2.2 说明了这个法则，其中 $|a\rangle = \begin{bmatrix} 3 \\ 1 \end{bmatrix}$，$|b\rangle = \begin{bmatrix} 1 \\ 2 \end{bmatrix}$，因此 $|a+b\rangle = |b+a\rangle = \begin{bmatrix} 4 \\ 3 \end{bmatrix}$。

2.7 正交向量

图 2.2 帮助我们可视化了一些向量加法的基本性质，其中最重要的来自毕达哥拉斯定理。我们知道，如果 a、b 和 c 表示一个三角形三条边的长度，那么 $a^2+b^2=c^2$ 当且仅当这个三角形是一个直角三角形。图像告诉我们，两个向量 $|a\rangle$ 和 $|b\rangle$ 是垂直的当且仅当

$\| a\rangle|^2 + \| b\rangle|^2 = \| a+b\rangle|^2$ 。

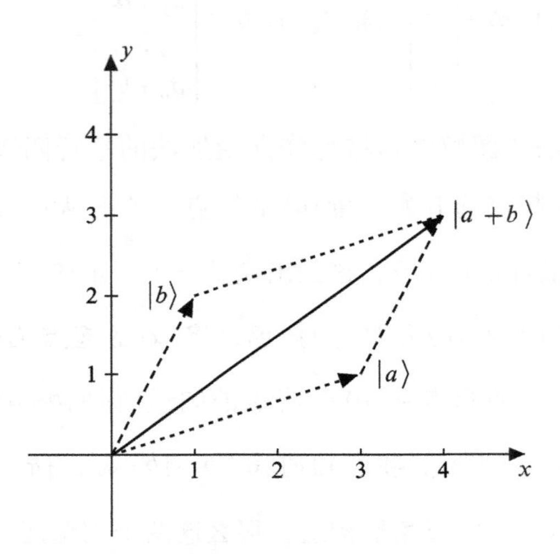

图 2.2　向量加法的平行四边形法则

“正交”和垂直的含义相同，并且经常用于线性代数中。我们可以重新表述我们的发现：两个向量 $|a\rangle$ 和 $|b\rangle$ 是正交的当且仅当 $\| a\rangle|^2 + \| b\rangle|^2 = \| a+b\rangle|^2$ 。

2.8　bra-ket 内积

如果我们有一个 bra 和一个 ket 并且它们的维度相同，可以将它们相乘（bra 在左边，ket 在右边）得到一个数字。假设 $\langle a|$ 和 $|b\rangle$ 都是 n 维的：

$$\langle a| = \begin{bmatrix} a_1 & a_2 & \cdots & a_n \end{bmatrix}, \ |b\rangle = \begin{bmatrix} b_1 \\ b_2 \\ \vdots \\ b_n \end{bmatrix}$$

我们使用连接表示乘积，这意味着我们将它们紧挨着写在一起，中间没有任何符号。所以这个乘积写作 $\langle a||b\rangle$ 。通过挤压，竖线重合在一起得到 $\langle a|b\rangle$ ，这才是我们将使用的符号。bra-ket 乘积的定义如下：

$$\langle a|b\rangle = \begin{bmatrix} a_1 & a_2 & \cdots & a_n \end{bmatrix} \begin{bmatrix} b_1 \\ b_2 \\ \vdots \\ b_n \end{bmatrix} = a_1b_1 + a_2b_2 + \cdots + a_nb_n$$

bra 与 ket 中间的竖线被“合并起来”，这有助于我们记住：bra 的竖线在右边而 ket 的竖线在左边。结果由尖括号包含的两项组成。“bra”与“ket”来自单词“bracket”，它几乎就是两个单词拼接而成。虽然这是一个相当简单的文字游戏，但是它帮助我们记住：对于这个乘积，“bra”在左边而“ket”在右边。

在线性代数中这个乘积通常被称作内积或者点积，而在量子力学中使用 bra-ket 表示法，本书将使用这种表示法。

2.9 bra-ket 与长度

如果我们有一个 ket 记作 $|a\rangle$ ，那么拥有相同名字的 bra $\langle a|$

以一种显而易见的方式定义：它们拥有相同的元素，但是$|a\rangle$是竖直摆放的，而$\langle a|$是水平摆放的。

$$|a\rangle=\begin{bmatrix}a_1\\a_2\\\vdots\\a_n\end{bmatrix},\langle a|=\begin{bmatrix}a_1 & a_2 & \cdots & a_n\end{bmatrix}$$

因此，$\langle a|a\rangle=a_1^2+a_2^2+\cdots+a_n^2$，所以$|a\rangle$的长度可以简洁地写作$\||a\rangle\|=\sqrt{\langle a|a\rangle}$。

为了更好地说明，我们回到求$|a\rangle=\begin{bmatrix}3\\1\end{bmatrix}$的长度的例子：$\langle a|a\rangle=\begin{bmatrix}3 & 1\end{bmatrix}\begin{bmatrix}3\\1\end{bmatrix}=3^2+1^2=10$，接着开方得到$\||a\rangle\|=\sqrt{10}$。

单位向量在接下来的学习中非常重要，为了检验一个向量是否是单位向量（长度为 1），我们将会不断使用这一事实：一个 ket $|a\rangle$是单位向量当且仅当$\langle a|a\rangle=1$。

另一个重要的概念是正交性，bra-ket 乘积也能告诉我们两个向量何时是正交的。

2.10 bra-ket 与正交

关键结论是：两个 ket $|a\rangle$和$|b\rangle$是正交的当且仅当$\langle a|b\rangle=0$。我们将会看几个例子并解释为什么这个结论是正确的。

令$|a\rangle=\begin{bmatrix}3\\1\end{bmatrix}$, $|b\rangle=\begin{bmatrix}1\\2\end{bmatrix}$, $|c\rangle=\begin{bmatrix}-2\\6\end{bmatrix}$，我们计算$\langle a|b\rangle$和$\langle a|c\rangle$。

$$\langle a|b\rangle=\begin{bmatrix}3 & 1\end{bmatrix}\begin{bmatrix}1\\2\end{bmatrix}=3+2=5$$

$$\langle a|c\rangle=\begin{bmatrix}3 & 1\end{bmatrix}\begin{bmatrix}-2\\6\end{bmatrix}=-6+6=0$$

由于$\langle a|b\rangle\neq 0$，我们知道$|a\rangle$和$|b\rangle$不是正交的；由于$\langle a|c\rangle=0$，我们知道$|a\rangle$和$|c\rangle$是正交的。

为什么这是正确的呢？这里有一个对于二维 ket 的解释。

令 $|a\rangle=\begin{bmatrix}a_1\\a_2\end{bmatrix}$, $|b\rangle=\begin{bmatrix}b_1\\b_2\end{bmatrix}$, 那么 $|a\rangle+|b\rangle=\begin{bmatrix}a_1+b_1\\a_2+b_2\end{bmatrix}$。我们计算$|a\rangle+|b\rangle$长度的平方。

$$\begin{aligned}\||a\rangle+|b\rangle|^2&=\begin{bmatrix}a_1+b_1 & a_2+b_2\end{bmatrix}\begin{bmatrix}a_1+b_1\\a_2+b_2\end{bmatrix}\\&=(a_1+b_1)^2+(a_2+b_2)^2\\&=(a_1^2+2a_1b_1+b_1^2)+(a_2^2+2a_2b_2+b_2^2)\\&=(a_1^2+a_2^2)+(b_1^2+b_2^2)+2(a_1b_1+a_2b_2)\\&=\||a\rangle|^2+\||b\rangle|^2+2\langle a|b\rangle\end{aligned}$$

显然，这个结果等于$\||a\rangle|^2+\||b\rangle|^2$当且仅当$2\langle a|b\rangle=0$。回想我们之前的发现：两个向量$|a\rangle$和$|b\rangle$是正交的当且仅当$\||a\rangle|^2+\||b\rangle|^2=\||a+b\rangle|^2$。我们现在可以重述这个发现：两个向量$|a\rangle$和$|b\rangle$是正交的当且仅当$\langle a|b\rangle=0$。

尽管这里只对二维 ket 进行了解释，但相同的方法可以拓展到任意维度。

2.11 标准正交基

“标准正交”有两个含义：单位性和正交性。在二维向量空间中，一组标准正交基由两个互相垂直的单位向量组成。更一般地，在 n 维向量空间中，一组标准正交基由 n 个两两垂直的单位向量组成。

我们先来看看二维的情况，包含所有二维向量的集合记作 $\mathbb{R}^2$。$\mathbb{R}^2$ 的一组标准正交基由两个互相垂直的单位向量 $|b_1\rangle$ 和 $|b_2\rangle$ 组成。因此，给定一对向量，想要检验它们是否组成一组标准正交基，我们必须首先检验它们是否是单位向量，然后检验它们是否是正交的。可以使用 bra-ket 乘积检验这两个条件。我们需要 $\langle b_1|b_1\rangle=1, \langle b_2|b_2\rangle=1, \langle b_1|b_2\rangle=0$。

标准的例子被称作**标准基**，取 $|b_1\rangle=\begin{bmatrix}1\\0\end{bmatrix}$ 和 $|b_2\rangle=\begin{bmatrix}0\\1\end{bmatrix}$。直接就可以检验 bra-ket 乘积的两个性质是满足的。尽管 $\left\{\begin{bmatrix}1\\0\end{bmatrix},\begin{bmatrix}0\\1\end{bmatrix}\right\}$ 是特别容易找到的一组基，但仍然存在无数种其他可能的选择，例如，

$$\left\{\begin{bmatrix}\frac{1}{\sqrt{2}}\\\frac{-1}{\sqrt{2}}\end{bmatrix},\begin{bmatrix}\frac{1}{\sqrt{2}}\\\frac{1}{\sqrt{2}}\end{bmatrix}\right\} \text{和} \left\{\begin{bmatrix}\frac{1}{2}\\\frac{-\sqrt{3}}{2}\end{bmatrix},\begin{bmatrix}\frac{\sqrt{3}}{2}\\\frac{1}{2}\end{bmatrix}\right\}$$

上一章考虑了测量粒子的自旋，我们观察了在垂直方向和水平方向测量的自旋。在垂直方向测量自旋的数学模型将会使用标准基，旋转测量装置的数学描述将会使用一组新的标准正交基。我们列举的三组二维的基都有非常重要的关于自旋的解释，因此我们没有使用字母来命名它们，而是使用与自旋方向相关的箭头来表示。下面是我们将会使用的符号：

$$|\uparrow\rangle=\begin{bmatrix}1\\0\end{bmatrix},\ |\downarrow\rangle=\begin{bmatrix}0\\1\end{bmatrix},\ |\rightarrow\rangle=\begin{bmatrix}\frac{1}{\sqrt{2}}\\\frac{-1}{\sqrt{2}}\end{bmatrix},\ |\leftarrow\rangle=\begin{bmatrix}\frac{1}{\sqrt{2}}\\\frac{1}{\sqrt{2}}\end{bmatrix},\ |\nearrow\rangle=\begin{bmatrix}\frac{1}{2}\\\frac{-\sqrt{3}}{2}\end{bmatrix},\ |\swarrow\rangle=\begin{bmatrix}\frac{\sqrt{3}}{2}\\\frac{1}{2}\end{bmatrix}$$

这三组基可以简洁地记作 $\{|\uparrow\rangle,|\downarrow\rangle\}$、$\{|\rightarrow\rangle,|\leftarrow\rangle\}$ 和 $\{|\nearrow\rangle,|\swarrow\rangle\}$ 。因为它们是标准正交基，我们有下面的 bra-ket 乘积的值。

$$\begin{array}{llll}\langle\uparrow|\uparrow\rangle=1 & \langle\downarrow|\downarrow\rangle=1 & \langle\uparrow|\downarrow\rangle=0 & \langle\downarrow|\uparrow\rangle=0\\ \langle\rightarrow|\rightarrow\rangle=1 & \langle\leftarrow|\leftarrow\rangle=1 & \langle\rightarrow|\leftarrow\rangle=0 & \langle\leftarrow|\rightarrow\rangle=0\\ \langle\nearrow|\nearrow\rangle=1 & \langle\swarrow|\swarrow\rangle=1 & \langle\nearrow|\swarrow\rangle=0 & \langle\swarrow|\nearrow\rangle=0\end{array}$$

2.12 向量的基表示

给定一个向量和一组标准正交基，我们可以将这个向量表示成基向量的加权和。尽管在目前阶段看不出有什么用，但我们将在后面看到这正是我们的数学模型的基本思想之一。先来看看二维的例子。

$\mathbb{R}^2$ 中的任意向量 $|v\rangle$ 都可以写作 $|\uparrow\rangle$ 的倍数加上 $|\downarrow\rangle$ 的倍

数。这等价于一个显然的事实，对于任意数字 c 和 d，方程 $\begin{bmatrix} c \\ d \end{bmatrix} = x_1 \begin{bmatrix} 1 \\ 0 \end{bmatrix} + x_2 \begin{bmatrix} 0 \\ 1 \end{bmatrix}$ 都有解。显然该方程有一个解 $x_1 = c$ 且 $x_2 = d$，并且这是唯一的解。

$\mathbb{R}^2$ 中的任意向量 $|v\rangle$ 是否都能表示成 $|\rightarrow\rangle$ 的倍数加上 $|\leftarrow\rangle$ 的倍数呢？等价地，下面的方程对于任意数字 c 和 d 是否都有解？

$$\begin{bmatrix} c \\ d \end{bmatrix} = x_1 |\rightarrow\rangle + x_2 |\leftarrow\rangle$$

怎么求解上述方程呢？我们可以将 ket 替换成它们的二维列向量，然后解这个有两个未知数和两个方程的方程组。但是有一个使用 bra 和 ket 的更简单方法。

首先，方程两边同时左乘一个 bra $\langle\rightarrow|$，得到下面的方程。

$$\langle\rightarrow| \begin{bmatrix} c \\ d \end{bmatrix} = \langle\rightarrow| (x_1 |\rightarrow\rangle + x_2 |\leftarrow\rangle)$$

接下来，对方程右边使用乘法分配律。

$$\langle\rightarrow| \begin{bmatrix} c \\ d \end{bmatrix} = x_1 \langle\rightarrow|\rightarrow\rangle + x_2 \langle\rightarrow|\leftarrow\rangle$$

我们知道方程右边的两个 bra-ket 乘积的值，第一个是 1，第二个是 0。这也就告诉我们 x_1 等于 $\langle\rightarrow| \begin{bmatrix} c \\ d \end{bmatrix}$。因此，我们只需要计算这个乘积。

$$\langle\rightarrow| \begin{bmatrix} c \\ d \end{bmatrix} = \begin{bmatrix} \frac{1}{\sqrt{2}} & \frac{-1}{\sqrt{2}} \end{bmatrix} \begin{bmatrix} c \\ d \end{bmatrix} = \left(\frac{1}{\sqrt{2}}\right) c - \left(\frac{1}{\sqrt{2}}\right) d = \frac{c-d}{\sqrt{2}}$$

因此，$x_1=\frac{c-d}{\sqrt{2}}$。

可以使用相同的方法求得x_2。我们在方程$\begin{bmatrix} c \\ d \end{bmatrix}=x_1|\rightarrow\rangle+x_2|\leftarrow\rangle$左右两边同时左乘$\langle\leftarrow|$。

$$\langle\leftarrow|\begin{bmatrix} c \\ d \end{bmatrix}=x_1\langle\leftarrow|\rightarrow\rangle+x_2\langle\leftarrow|\leftarrow\rangle=x_1 0+x_2 1$$

因此，$x_2=\begin{bmatrix} \frac{1}{\sqrt{2}} & \frac{1}{\sqrt{2}} \end{bmatrix}\begin{bmatrix} c \\ d \end{bmatrix}=\left(\frac{1}{\sqrt{2}}\right)c+\left(\frac{1}{\sqrt{2}}\right)d=\frac{c+d}{\sqrt{2}}$。

这意味着，我们可以写出

$$\begin{bmatrix} c \\ d \end{bmatrix}=\frac{c-d}{\sqrt{2}}|\rightarrow\rangle+\frac{c+d}{\sqrt{2}}|\leftarrow\rangle$$

右边的总和由基向量与标量的乘积组成，之前称之为基向量的加权和，但你必须注意这种理解。标量不必是正的，它们可以是负数。在我们的例子中，如果c等于-3且d等于1，那么两个权重$\frac{c-d}{\sqrt{2}}$和$\frac{c+d}{\sqrt{2}}$都是负数。由于这个原因，我们使用基向量的**线性组合**而不是加权和。

现在让我们看看n维的情况。假设给定一个n维向量$|v\rangle$和一组标准正交基$\{|b_1\rangle, |b_2\rangle, \cdots, |b_n\rangle\}$，我们能否将$|v\rangle$表示成基向量的线性组合？如果可以，这种表示是否唯一？等价地，方程$|v\rangle=x_1|b_1\rangle+x_2|b_2\rangle+\cdots+x_i|b_i\rangle+\cdots+x_n|b_n\rangle$是否有唯一解？同样，答

案是“是”。为了说明，我们来看看如何求得x_i的值。计算方法和二维的情况一样，首先在方程两边同时左乘$\langle b_i|$。我们知道，$\langle b_i|b_k\rangle$等于0当且仅当$i \neq k$，$\langle b_i|b_k\rangle$等于1当且仅当$i=k$。因此，乘以bra之后，右边化简只剩下x_i，我们得到$\langle b_i|v\rangle = x_i$。这意味着$x_1=\langle b_1|v\rangle, x_2=\langle b_2|v\rangle, \cdots$。因此，可以将$|v\rangle$写作基向量的线性组合：$|v\rangle=\langle b_1|v\rangle|b_1\rangle+\langle b_2|v\rangle|b_2\rangle+\cdots+\langle b_i|v\rangle|b_i\rangle+\cdots+\langle b_n|v\rangle|b_n\rangle$。

在目前阶段这一切看上去有些抽象，但在下一章中将会变得十分清晰。不同的标准正交基对应着测量自旋时选择不同的方向。bra-ket乘积给出的数字$\langle b_i|v\rangle$被称作*概率振幅*。$\langle b_i|v\rangle$的平方将告诉我们测量时$|v\rangle$变成$|b_i\rangle$的概率。这些都将在后面得到解释，但理解上面的方程是接下来的关键。

2.13 有序基

一组*有序基*是一组给定序号的基，也就是说，基中有第一个向量，第二个向量，等等。如果$\{|b_1\rangle,|b_2\rangle,\cdots,|b_n\rangle\}$是一组基，我们将有序基记作$(|b_1\rangle,|b_2\rangle,\cdots,|b_n\rangle)$——将大括号替换成圆括号。作为示例，我们来看看二维的情况，回想标准基是$\{|\uparrow\rangle,|\downarrow\rangle\}$。两个集合相等意味着它们拥有相同的元素——元素的顺序并不重要。因此$\{|\uparrow\rangle,|\downarrow\rangle\}=\{|\downarrow\rangle,|\uparrow\rangle\}$，这两个集合是相同的。

然而对于有序基，基向量的顺序是有影响的。

$(|\uparrow\rangle,|\downarrow\rangle) \neq (|\downarrow\rangle,|\uparrow\rangle)$。左边的第一个向量不等于右边的第一个向量，因此这两个有序基是不同的。

无序基和有序基的不同之处看上去充满学究气息，但并不是这样。我们将会看几个例子，其中基的集合是相同的但顺序不同，基向量的排列将会告诉我们重要的信息。

之前我们将标准基 $\{|\uparrow\rangle,|\downarrow\rangle\}$ 对应垂直方向测量一个电子的自旋。有序基 $(|\uparrow\rangle,|\downarrow\rangle)$ 将对应南磁铁在测量装置上边时测量自旋。如果将装置旋转 180°，我们将翻转基的元素并使用有序基 $(|\downarrow\rangle,|\uparrow\rangle)$。

2.14 向量的长度

假设给定一个向量 $|v\rangle$ 和一组标准正交基 $\{|b_1\rangle,|b_2\rangle,\cdots,|b_n\rangle\}$，我们知道如何将 $|v\rangle$ 表示成基向量的线性组合。$|v\rangle=\langle b_1|v\rangle|b_1\rangle+\langle b_2|v\rangle|b_2\rangle+\cdots+\langle b_i|v\rangle|b_i\rangle+\cdots+\langle b_n|v\rangle|b_n\rangle$。为了简化问题，我们将其写作 $|v\rangle=c_1|b_1\rangle+c_2|b_2\rangle+\cdots+c_i|b_i\rangle+\cdots+c_n|b_n\rangle$。有一个 $|v\rangle$ 的长度的有用公式：$\||v\rangle|^2=c_1^2+c_2^2+\cdots+c_i^2\cdots+\cdots+c_n^2$。

让我们快速地看一看为什么这是正确的。我们知道 $\||v\rangle|^2=\langle v|v\rangle$。使用 $\langle v|=c_1\langle b_1|+c_2\langle b_2|+\cdots+c_n\langle b_n|$，我们得到

$$\langle v|v\rangle=(c_1\langle b_1|+c_2\langle b_2|+\cdots+c_n\langle b_n|)(c_1|b_1\rangle+c_2|b_2\rangle+\cdots+c_n|b_n\rangle)$$

下一步，展开括号中的乘积。这看上去会变得更复杂，然而并

没有。我们再次使用$\langle b_i | b_k \rangle$等于0当且仅当$i \neq k$，$\langle b_i | b_k \rangle$等于1当且仅当$i = k$。所有不同下标的bra-ket乘积都等于0，只有相同下标的bra-ket乘积等于1。结果得到$\langle v | v \rangle = c_1^2 + c_2^2 + \cdots + c_i^2 + \cdots + c_n^2$。

2.15 矩阵

矩阵是数字的矩形排列。一个m行n列的矩阵$\boldsymbol{M}$称作$m \times n$矩阵。这里有几个例子：

$$\boldsymbol{A} = \begin{bmatrix} 1 & -4 & 2 \\ 2 & 3 & 0 \end{bmatrix}, \boldsymbol{B} = \begin{bmatrix} 1 & 2 \\ 7 & 5 \\ 6 & 1 \end{bmatrix}$$

$\boldsymbol{A}$有2行3列，因此它是2×3的矩阵。$\boldsymbol{B}$是3×2的矩阵。我们可以将bra和ket视作特殊的矩阵：bra只有一行，ket只有一列。一个$m \times n$的矩阵$\boldsymbol{M}$的转置（记作$\boldsymbol{M}^{\mathrm{T}}$）是一个$n \times m$的矩阵，它是通过交换$\boldsymbol{M}$的行与列得到的。$\boldsymbol{M}$的第$i$行成为$\boldsymbol{M}^{\mathrm{T}}$的第$i$列，$\boldsymbol{M}$的第$j$列成为$\boldsymbol{M}^{\mathrm{T}}$的第$j$行。对于$\boldsymbol{A}$和$\boldsymbol{B}$，我们有：

$$\boldsymbol{A}^{\mathrm{T}} = \begin{bmatrix} 1 & 2 \\ -4 & 3 \\ 2 & 0 \end{bmatrix}, \boldsymbol{B}^{\mathrm{T}} = \begin{bmatrix} 1 & 7 & 6 \\ 2 & 5 & 2 \end{bmatrix}$$

列向量可以视作只有一列的矩阵，行向量可以视作只有一行的矩阵。基于这样的理解，bra与ket之间的关系可以表示成：$\langle a | = | a \rangle^{\mathrm{T}}$和$| a \rangle = \langle a |^{\mathrm{T}}$。

给定一个多行多列的矩阵，我们将行视作bra，将列视作ket。在我们的例子中，***A***可以视作两个bra叠起来，也可以视作三个ket一个挨一个。同样，***B***可以视作三个bra叠起来，也可以视作两个ket一个挨一个。

A与***B***的乘积使用了这种观点。乘积被记作***AB***，计算时将***A***看作bra的组合，将***B***看作ket的组合。(记住先是bra，然后是ket。) $\boldsymbol{A}=\begin{bmatrix}\langle a_1| \\ \langle a_2|\end{bmatrix}$，其中 $\langle a_1|=\begin{bmatrix}1 & -4 & 2\end{bmatrix}$ 且 $\langle a_2|=\begin{bmatrix}2 & 3 & 0\end{bmatrix}$。

$\boldsymbol{B}=\begin{bmatrix}|b_1\rangle & |b_2\rangle\end{bmatrix}$，其中 $|b_1\rangle=\begin{bmatrix}1 \\ 7 \\ 6\end{bmatrix}$ 且 $|b_2\rangle=\begin{bmatrix}2 \\ 5 \\ 1\end{bmatrix}$。

乘积***AB***按照下面的方式计算：

$$\begin{aligned}\boldsymbol{AB}&=\begin{bmatrix}\langle a_1| \\ \langle a_2|\end{bmatrix}\begin{bmatrix}|b_1\rangle & |b_2\rangle\end{bmatrix}=\begin{bmatrix}\langle a_1|b_1\rangle & \langle a_1|b_2\rangle \\ \langle a_2|b_1\rangle & \langle a_2|b_2\rangle\end{bmatrix}\\&=\begin{bmatrix}1\times1-4\times7+2\times6 & 1\times2-4\times5+2\times1 \\ 2\times1+3\times7+0\times6 & 2\times2+3\times5+0\times1\end{bmatrix}\\&=\begin{bmatrix}-15 & -16 \\ 23 & 19\end{bmatrix}\end{aligned}$$

注意，***A***中bra的维度等于***B***中ket的维度，我们需要保证这一点才能使bra-ket乘积有定义。同时要注意 $\boldsymbol{AB}\neq\boldsymbol{BA}$。在我们的例子中，***BA***是一个 3×3 的矩阵，它甚至和***AB***是不同大小的矩阵。

一般情况下，给定一个 $m\times r$ 的矩阵***A***和一个 $r\times n$ 的矩阵***B***，将***A***写成r维bra的组合，将***B***写成r维ket的组合。

$$A=\begin{bmatrix}\langle a_1|\\ \langle a_2|\\ \vdots\\ \langle a_m|\end{bmatrix},B=\begin{bmatrix}|b_1\rangle & |b_2\rangle & \cdots & |b_n\rangle\end{bmatrix}$$

乘积 $\boldsymbol{AB}$ 是一个 $m\times n$ 的矩阵，其中第 i 行第 j 列的元素是 $\langle a_i|b_j\rangle$，也就是说，

$$\boldsymbol{AB}=\begin{bmatrix}\langle a_1|b_1\rangle & \langle a_1|b_2\rangle & \cdots & \langle a_1|b_j\rangle & \cdots & \langle a_1|b_n\rangle\\ \langle a_2|b_1\rangle & \langle a_2|b_2\rangle & \cdots & \langle a_2|b_j\rangle & \cdots & \langle a_2|b_n\rangle\\ \vdots & \vdots & & \vdots & & \vdots\\ \langle a_i|b_1\rangle & \langle a_i|b_2\rangle & \cdots & \langle a_i|b_j\rangle & \cdots & \langle a_i|b_n\rangle\\ \vdots & \vdots & & \vdots & & \vdots\\ \langle a_m|b_1\rangle & \langle a_m|b_2\rangle & \cdots & \langle a_m|b_j\rangle & \cdots & \langle a_m|b_n\rangle\end{bmatrix}$$

将乘积的顺序翻转得到 $\boldsymbol{BA}$，但是当 m 不等于 n 时我们甚至不能进行计算，因为 bra 和 ket 的维度不相同。即便 m 等于 n，我们将它们乘起来，最终也是得到一个 $r\times r$ 大小的矩阵。当 n 不等于 r 时，这个结果也不等于 $n\times n$ 大小的 $\boldsymbol{AB}$。即便 m、n 和 r 三者相等，通常情况下 $\boldsymbol{AB}$ 也不等于 $\boldsymbol{BA}$。这种性质，在矩阵乘法中称为**不可交换性**。

拥有相同数目的行和列的矩阵称为**方阵**。一个方阵的**主对角线**由方阵从左上角到右下角的元素组成。如果一个方阵只有主对角线元素为 1，其余元素为 0，那么这个方阵称作**单位矩阵**。$n\times n$ 的单位矩阵记作 $\boldsymbol{I}_n$。

$$\boldsymbol{I}_2=\begin{bmatrix}1 & 0\\ 0 & 1\end{bmatrix},\boldsymbol{I}_3=\begin{bmatrix}1 & 0 & 0\\ 0 & 1 & 0\\ 0 & 0 & 1\end{bmatrix},\cdots$$

单位矩阵的名字来源于它的性质：矩阵和单位矩阵相乘类似于数字和1相乘。假设$\boldsymbol{A}$是一个$m\times n$的矩阵，那么有$\boldsymbol{I}_m\boldsymbol{A}=\boldsymbol{A}\boldsymbol{I}_n=\boldsymbol{A}$。

矩阵提供我们一种简便的方式来进行涉及bra和ket的计算。下一节将展示如何使用它们。

2.16　矩阵运算

假设给定一个n维ket的集合$\{|b_1\rangle,|b_2\rangle,\cdots,|b_n\rangle\}$，我们想要检验这是否构成一个标准正交基。首先检验它们是否都是单位向量，然后检验这些向量是否两两正交。我们已经知道如何使用bra和ket检验这些条件，但是这些计算还可以使用矩阵来简单地表示。

我们首先构建一个$n\times n$的矩阵$\boldsymbol{A}=\begin{bmatrix}|b_1\rangle & |b_2\rangle & \cdots & |b_n\rangle\end{bmatrix}$，然后将它转置。

$$\boldsymbol{A}^{\mathrm{T}}=\begin{bmatrix}\langle b_1| \\ \langle b_2| \\ \vdots \\ \langle b_n|\end{bmatrix}$$

然后计算乘积$\boldsymbol{A}^{\mathrm{T}}\boldsymbol{A}$。

$$\boldsymbol{A}^{\mathrm{T}}\boldsymbol{A}=\begin{bmatrix}\langle b_1| \\ \langle b_2| \\ \vdots \\ \langle b_n|\end{bmatrix}\begin{bmatrix}|b_1\rangle & |b_2\rangle & \cdots & |b_n\rangle\end{bmatrix}=\begin{bmatrix}\langle b_1|b_1\rangle & \langle b_1|b_2\rangle & \cdots & \langle b_1|b_n\rangle \\ \langle b_2|b_1\rangle & \langle b_2|b_2\rangle & \cdots & \langle b_2|b_n\rangle \\ \vdots & \vdots & & \vdots \\ \langle b_n|b_1\rangle & \langle b_n|b_2\rangle & \cdots & \langle b_n|b_n\rangle\end{bmatrix}$$

注意，主对角线上的元素正是我们检验这些 ket 是否是单位向量需要计算的，非主对角线上的元素正是我们检验这些 ket 是否两两正交需要计算的。这意味着，当且仅当 $\boldsymbol{A}^{\mathrm{T}}\boldsymbol{A}=\boldsymbol{I}_n$，这个集合是标准正交基。这个方程提供了一种简洁的方式来书写我们需要检验的条件。

尽管这是一种简洁的表示，但我们仍需计算所有的元素。我们需要计算所有主对角线上的元素来检验向量是否是单位的，而不需要计算主对角线以外的元素。如果 $i \neq k$，那么 $\langle b_i|b_k\rangle$ 和 $\langle b_k|b_i\rangle$ 之一在主对角线上面，而另一个在主对角线下面。这两个 bra-ket 乘积是相等的，一旦我们计算出一个则不需要计算另一个。因此，当检验过主对角线元素全为 1 之后，我们只需要检验主对角线下面（或上面）的元素是否全为 0。

现在我们已经验证了 $\{|b_1\rangle,|b_2\rangle,\cdots,|b_n\rangle\}$ 是一组标准正交基，假设给定一个 ket $|v\rangle$，我们想要将它表示成基向量的线性组合。我们已经知道如何做到这一点。

$$|v\rangle=\langle b_1|v\rangle|b_1\rangle+\langle b_2|v\rangle|b_2\rangle+\cdots+\langle b_i|v\rangle|b_i\rangle+\cdots+\langle b_n|v\rangle|b_n\rangle$$

这些都可以使用矩阵 $\boldsymbol{A}^{\mathrm{T}}$ 来计算。

$$\boldsymbol{A}^{\mathrm{T}}|v\rangle=\begin{bmatrix}\langle b_1|\\ \langle b_2|\\ \vdots\\ \langle b_n|\end{bmatrix}|v\rangle=\begin{bmatrix}\langle b_1|v\rangle\\ \langle b_2|v\rangle\\ \vdots\\ \langle b_n|v\rangle\end{bmatrix}$$

本章已经花了很长的篇幅介绍大量的数学工具。我们现在有几种方法进行计算。最后一节将总结后面需要的三种关键思想（放在本章的最后有利于引用），在此之前我们先来看几个命名规范。

2.17 正交矩阵与酉矩阵

对于所有元素都是实数的方阵 $\boldsymbol{M}$，如果满足 $\boldsymbol{M}^{\mathrm{T}}\boldsymbol{M}$ 等于单位矩阵，那么 $\boldsymbol{M}$ 被称作**正交矩阵**。

上一节中我们已经知道，可以通过将 ket 构建成矩阵然后检验是否是正交矩阵的方式来判断标准正交基。正交矩阵对于量子逻辑门也十分重要，这些门同样对应着正交矩阵。

这里有两个十分重要的正交矩阵：

$$\begin{bmatrix} \frac{1}{\sqrt{2}} & \frac{1}{\sqrt{2}} \\ \frac{1}{\sqrt{2}} & \frac{-1}{\sqrt{2}} \end{bmatrix} \text{和} \begin{bmatrix} 1 & 0 & 0 & 0 \\ 0 & 1 & 0 & 0 \\ 0 & 0 & 0 & 1 \\ 0 & 0 & 1 & 0 \end{bmatrix}$$

这个 2×2 的矩阵对应有序基 $(|\leftarrow\rangle,|\rightarrow\rangle)$，我们将在下一章中看到它与在水平方向测量自旋是如何联系在一起的。我们在之后还会遇见相同的矩阵，它对应着一种名为 Hadamard 的特殊量子门。

这个 4×4 的矩阵对应着将 $\mathbb{R}^4$ 的标准基标号并将最后两个向量互换，这个矩阵和 CNOT 门相关。我们将在后面解释什么是量子门，几乎所有的量子电路都是这两类门的组合，因此这些正交矩阵是非常重要的！

（如果使用复数，矩阵的元素将是复数。对应于正交矩阵的复矩阵称作**酉矩阵**[⊖]。实数是复数的子集，因此所有正交矩阵都是酉矩阵。实际上，如果你去看看其他量子计算的书籍，它们将描述CNOT门和Hadamard门的矩阵称为酉矩阵，而我们将它们称为正交矩阵，这两种说法都是正确的。）

2.18 线性代数工具箱

下面是我们将反复执行的三个任务的列表，它们都十分容易，这里给出了每个任务的解决方法。

1）给定一个n维ket的集合$\{|b_1\rangle, |b_2\rangle, \cdots, |b_n\rangle\}$，检验它是否构成一组标准正交基。

解决方法：首先构建$\boldsymbol{A}=[|b_1\rangle \ |b_2\rangle \ \cdots \ |b_n\rangle]$，然后计算$\boldsymbol{A}^{\mathrm{T}}\boldsymbol{A}$。如果结果是单位矩阵，它就是一组标准正交基；否则，它就不是。

2）给定一组标准正交基$\{|b_1\rangle, |b_2\rangle, \cdots, |b_n\rangle\}$和一个ket $|v\rangle$，将这个ket表示成基向量的线性组合，也就是说解方程$|v\rangle = x_1|b_1\rangle + x_2|b_2\rangle + \cdots + x_i|b_i\rangle + \cdots + x_n|b_n\rangle$。

解决方法：构建$\boldsymbol{A}=[|b_1\rangle \ |b_2\rangle \ \cdots \ |b_n\rangle]$，那么

$$\begin{bmatrix} x_1 \\ x_2 \\ \vdots \\ x_n \end{bmatrix} = \boldsymbol{A}^{\mathrm{T}}|v\rangle = \begin{bmatrix} \langle b_1|v\rangle \\ \langle b_2|v\rangle \\ \vdots \\ \langle b_n|v\rangle \end{bmatrix}$$

⊖ 矩阵$\boldsymbol{M}$是酉的当且仅当$\boldsymbol{M}^{\dagger}\boldsymbol{M}$是酉的，其中$\boldsymbol{M}^{\dagger}$表示先对$\boldsymbol{M}$做转置，再对每个元素取共轭。

3）给定一组标准正交基 $\{|b_1\rangle,|b_2\rangle,\cdots,|b_n\rangle\}$ 和 $|v\rangle=c_1|b_1\rangle+c_2|b_2\rangle+\cdots+c_i|b_i\rangle+\cdots+c_n|b_n\rangle$，求$|v\rangle$的长度。

解决方法：使用$\||v\rangle|^2=c_1^2+c_2^2+\cdots+c_i^2+\cdots+c_n^2$。

现在有了工具箱，我们将回到自旋的学习。

第3章

自旋与量子比特

第 1 章描述了测量电子自旋的实验。我们已经知道，如果在垂直方向测量自旋，不会得到一个连续的值，而只是二者之一：电子北极要么垂直向上，要么垂直向下。如果我们先在垂直方向测量自旋，然后在相同方向再测量一次，两次实验将得到相同的结果。如果第一次测量结果是电子北极垂直向上，那么第二次测量结果也会如此。我们也知道，如果首先在垂直方向测量，然后在水平方向测量，电子自旋 N 和自旋 S 在 90° 方向的概率都是 50%。无论第一次测量结果是什么，第二次测量结果将是 N 或 S 的随机选择。第 2 章介绍了线性代数。本章的目的是将前面两章结合起来，给出一种描述测量自旋的数学模型，我们将看到它是怎么和量子比特联系起来的。不过在此之前，我们先来介绍概率的数学知识。

3.1 概率

想象现在有一枚硬币，我们不停地投掷它，统计投掷的次数和正面朝上的次数。如果硬币是公平的（正面朝上与反面朝上的倾向一样），那么在大量的投掷之后，正面朝上的次数与投掷次数的比值将会接近二分之一。我们说结果是“正面”的概率是 0.5。

一般来说，我们进行一次实验（通常称为进行一次测量），实验结果是有限的，将这些结果记作 $E_1,E_2,\cdots,E_n$。潜在的假设是实验或测量的结果将是且仅是这 n 个结果中的一个。结果为 E_i 的概率是 p_i，概率必须是一个介于 0 和 1 之间的数字，并且满足概率之和等于 1。在投掷硬币的例子中，两个结果是正面朝上和反面朝上，如果硬币是公平的，两个事件的概率都是 $\frac{1}{2}$。

我们回到第 1 章中测量粒子自旋的实验，并使用更正式的符号来描述它们。假设我们要在 0° 方向测量自旋，有两种可能的结果，记作 N 和 S。这两种结果都有一个相关的概率，我们将得到 N 的概率记作 p_N，得到 S 的概率记作 p_S。如果已经知道粒子在 0° 方向自旋为 N，那么当我们再次在此方向测量时将得到相同的结果，也就是说 $p_N=1$ 并且 $p_S=0$。另一方面，如果我们知道粒子在 90° 方向自旋为 N，现在在 0° 方向测量，那么我们得到 N 和 S 的概率是相等的，即 $p_N=p_S=0.5$。

3.2　量子自旋的数学表示

现在，我们提出一种描述量子自旋的数学模型，它使用了概率和向量。

基础模型由向量空间给出。当我们进行测量时，将会有一定数量的可能的结果，结果的数量决定了这个潜在的向量空间的维度。对于自旋来说，任意测量都只有两种可能的结果，因此潜在的向量空间是二维的，我们将这个空间视作 $\mathbb{R}^2$ ——这是我们都很熟悉的标准二维平面。对于我们的目的而言这是没有问题的，因为我们只是在平面上旋转实验装置。如果我们想要考虑三维空间中所有可能的旋转，潜在的向量空间仍然是二维的（二仍然是每次测量可能的结果数目），但是我们将使用包含复数的向量替代实向量，潜在的向量空间将是二维复空间 $\mathbb{C}^2$ 。前面的章节已经解释过，$\mathbb{R}^2$ 对于我们的需求来说是足够的。

我们无须考虑 $\mathbb{R}^2$ 中所有的向量，只需考虑单位向量。对于 ket，这意味着我们需要限制：$|v\rangle=\begin{bmatrix}c_1\\c_2\end{bmatrix}$，其中 $c_1^2+c_2^2=1$ 。

选择一个方向测量自旋对应着选择一组有序的标准正交基 $(|b_1\rangle,|b_2\rangle)$ 。基中的两个向量对应着测量的两种可能的结果。我们总是将第一个基向量对应 N，第二个基向量对应 S。在测量自旋前，粒子处于一个由 $|b_1\rangle$ 和 $|b_2\rangle$ 的线性组合所决定的**自旋态**，也就是说它的形式是 $c_1|b_1\rangle+c_2|b_2\rangle$ ，我们有时候称之为**状态向量**或者**状态**。在测量之后，粒子的状态向量将会变成 $|b_1\rangle$ 或 $|b_2\rangle$ 。这正是量子力学主要思想之一：测量导致状态向量的改变。新状态是测量对应的基向量之一，得到特定基向量的概率是由初始状态决定的。得到 $|b_1\rangle$ 的概率是 c_1^2 ，得到 $|b_2\rangle$ 的概率是 c_2^2 。数字 c_1 和 c_2 被称作**概率振幅**，记住是概率振幅而不是概率，它们可以是正数也可以

是负数，它们的平方是概率。为了更具体地说明，我们将回到在垂直方向和水平方向测量自旋的实验。

我们在之前的章节中提到过，在垂直方向测量自旋对应的有序标准正交基是 $(|\uparrow\rangle,|\downarrow\rangle)$，其中 $|\uparrow\rangle=\begin{bmatrix}1\\0\end{bmatrix}$ 且 $|\downarrow\rangle=\begin{bmatrix}0\\1\end{bmatrix}$。第一个基向量对应电子在 0° 方向上自旋为 N，第二个基向量对应在 0° 方向上自旋为 S。

在水平方向测量自旋对应的有序标准正交基是 $(|\rightarrow\rangle,|\leftarrow\rangle)$，其中 $|\rightarrow\rangle=\begin{bmatrix}\frac{1}{\sqrt{2}}\\\frac{-1}{\sqrt{2}}\end{bmatrix}$ 且 $|\leftarrow\rangle=\begin{bmatrix}\frac{1}{\sqrt{2}}\\\frac{1}{\sqrt{2}}\end{bmatrix}$。第一个基向量对应电子在 90° 方向上自旋为 N，第二个基向量对应在 90° 方向上自旋为 S。

我们先在垂直方向测量自旋。起初我们可能并不知道即将到来的电子的自旋状态，但它一定是一个单位向量，因此可以记作 $c_1|\uparrow\rangle+c_2|\downarrow\rangle$，其中 $c_1^2+c_2^2=1$。现在进行测量，要么电子向上偏转，它的状态变成 $|\uparrow\rangle$；要么向下偏转，状态变成 $|\downarrow\rangle$。它向上偏转的概率是 c_1^2，向下偏转的概率是 c_2^2。

我们不断重复相同的实验，在垂直方向测量自旋。假设第一套磁铁使电子向上偏转，我们知道它的状态一定是 $|\uparrow\rangle=1|\uparrow\rangle+0|\downarrow\rangle$。当我们再次测量时，状态变成 $|\uparrow\rangle$ 的概率是 $1^2=1$，变成 $|\downarrow\rangle$ 的概率是 $0^2=0$。这意味着它将保持状态 $|\uparrow\rangle$，并且再次向上偏转。

类似地，如果电子向下偏转，它将处于状态 $|\downarrow\rangle=0|\uparrow\rangle+1|\downarrow\rangle$。

无论我们在垂直方向测量多少次，它都将保持这个状态，无论重复多少次实验它都将向下偏转。正如第 1 章中所说的，如果重复相同的实验，每次都将得到相同的结果。

现在换一种方式，不再是垂直方向重复测量，而是先在垂直方向测量，然后在水平方向测量。假如我们刚刚进行完第一次测量，刚在垂直方向测量完自旋，假设电子在 0° 方向上自旋为 N，现在它的状态是 $|\uparrow\rangle$ 。由于接下来要在水平方向进行测量，我们需要把这个向量写成对应的基向量的线性组合，这意味着要找到满足 $|\uparrow\rangle = x_1|\rightarrow\rangle + x_2|\leftarrow\rangle$ 的 x_1 和 x_2 的值。我们已经知道了如何解决这个问题：这正是用上一章最后列举的工具箱中的第二个工具。

首先把正交基中的向量一个接一个地构建矩阵 $\boldsymbol{A}$。

$$\boldsymbol{A} = \begin{bmatrix} |\rightarrow\rangle & |\leftarrow\rangle \end{bmatrix} = \begin{bmatrix} \frac{1}{\sqrt{2}} & \frac{1}{\sqrt{2}} \\ \frac{-1}{\sqrt{2}} & \frac{1}{\sqrt{2}} \end{bmatrix}$$

然后计算 $\boldsymbol{A}^{\mathrm{T}}|\uparrow\rangle$ ，得到新基对应的概率振幅。

$$\boldsymbol{A}^{\mathrm{T}}|\uparrow\rangle = \begin{bmatrix} \frac{1}{\sqrt{2}} & \frac{-1}{\sqrt{2}} \\ \frac{1}{\sqrt{2}} & \frac{1}{\sqrt{2}} \end{bmatrix} \begin{bmatrix} 1 \\ 0 \end{bmatrix} = \begin{bmatrix} \frac{1}{\sqrt{2}} \\ \frac{1}{\sqrt{2}} \end{bmatrix}$$

这意味着 $|\uparrow\rangle = \frac{1}{\sqrt{2}}|\rightarrow\rangle + \frac{1}{\sqrt{2}}|\leftarrow\rangle$ 。

当我们在水平方向测量时，粒子状态会以 $\left(\frac{1}{\sqrt{2}}\right)^2 = \frac{1}{2}$ 的概率变

成 $|\rightarrow\rangle$，以 $\left(\frac{1}{\sqrt{2}}\right)^2=\frac{1}{2}$ 的概率变成 $|\leftarrow\rangle$。这告诉我们电子在 90° 方向上自旋为 N 和 S 的概率是相等的，都是 $\frac{1}{2}$。

注意，我们并不需要真正地计算矩阵 $\boldsymbol{A}$，我们需要的是矩阵 $\boldsymbol{A}^{\mathrm{T}}$。这可以通过将正交基对应的 bra 叠起来计算得到，当然必须保证相同的顺序：ket 从左到右的顺序对应 bra 从上到下的顺序，因此第一个基向量是最上面的 bra。

在第 1 章中我们测量了三次自旋，第一次和第三次都是在垂直方向测量，第二次是在水平方向测量。我们将描述第三次测量对应的数学形式。在第二次测量后，电子的状态向量要么是 $|\rightarrow\rangle$，要么是 $|\leftarrow\rangle$。接下来要在垂直方向测量自旋，因此我们需要将它表示成垂直方向标准正交基的线性组合。$|\rightarrow\rangle=\frac{1}{\sqrt{2}}|\uparrow\rangle-\frac{1}{\sqrt{2}}|\downarrow\rangle$ 和 $|\leftarrow\rangle=\frac{1}{\sqrt{2}}|\uparrow\rangle+\frac{1}{\sqrt{2}}|\downarrow\rangle$。无论是哪种情况，当我们在垂直方向测量自旋时，状态向量将变成 $|\uparrow\rangle$ 或 $|\downarrow\rangle$，两种概率都是 $\frac{1}{2}$。

3.3　等价状态

假设给我们一些自旋要么是 $|\uparrow\rangle$ 要么是 $-|\uparrow\rangle$ 的电子，能否区分这两种电子？是否存在一种测量能够区分它们？答案是并不存在。

为了解释其中的原因，假设我们选择了一个方向来测量自

旋，这等价于选择了一组有序标准正交基，我们将这组基记作 $(|b_1\rangle,|b_2\rangle)$。

假设电子状态是 $|\uparrow\rangle$，我们需要找到方程 $|\uparrow\rangle=a|b_1\rangle+b|b_2\rangle$ 的解 a 和 b。当我们进行测量时，自旋为 N 的概率是 a^2，自旋为 S 的概率是 b^2。

假设电子状态是 $-|\uparrow\rangle$，对于相同的 a 和 b 的值，我们有 $-|\uparrow\rangle=-a|b_1\rangle-b|b_2\rangle$。当我们进行测量时，自旋为 N 的概率是 $(-a)^2=a^2$，自旋为 S 的概率是 $(-b)^2=b^2$。

在这两种情况下，我们得到的概率是完全相同的，因此不存在一种测量能够区分状态为 $|\uparrow\rangle$ 的电子和状态为 $-|\uparrow\rangle$ 的电子。

类似地，不存在一种测量能够区分状态为 $|v\rangle$ 的电子和状态为 $-|v\rangle$ 的电子。既然这两种电子是不可区分的，它们被认为是等价的。我们说一个电子的自旋为 $|v\rangle$ 和说这个电子的自旋为 $-|v\rangle$ 是完全相同的。

为了更好地理解这一点，考虑下面四个 ket：

$$\frac{1}{\sqrt{2}}|\uparrow\rangle+\frac{1}{\sqrt{2}}|\downarrow\rangle \quad -\frac{1}{\sqrt{2}}|\uparrow\rangle-\frac{1}{\sqrt{2}}|\downarrow\rangle \quad \frac{1}{\sqrt{2}}|\uparrow\rangle-\frac{1}{\sqrt{2}}|\downarrow\rangle \quad -\frac{1}{\sqrt{2}}|\uparrow\rangle+\frac{1}{\sqrt{2}}|\downarrow\rangle$$

如上所述，我们知道 $\frac{1}{\sqrt{2}}|\uparrow\rangle+\frac{1}{\sqrt{2}}|\downarrow\rangle$ 和 $-\frac{1}{\sqrt{2}}|\uparrow\rangle-\frac{1}{\sqrt{2}}|\downarrow\rangle$ 是等价的，并且 $\frac{1}{\sqrt{2}}|\uparrow\rangle-\frac{1}{\sqrt{2}}|\downarrow\rangle$ 和 $-\frac{1}{\sqrt{2}}|\uparrow\rangle+\frac{1}{\sqrt{2}}|\downarrow\rangle$ 是等价的，因此这四个 ket

至多描述了两种状态。那么 $\frac{1}{\sqrt{2}}|\uparrow\rangle+\frac{1}{\sqrt{2}}|\downarrow\rangle$ 与 $\frac{1}{\sqrt{2}}|\uparrow\rangle-\frac{1}{\sqrt{2}}|\downarrow\rangle$ 呢？它们是否描述了同一种状态呢？或者说，它们是否可以区分呢？

我们需要小心一点，如果选择在垂直方向测量自旋，这两个 ket 是不可区分的，这两种情况下我们得到 $|\uparrow\rangle$ 或 $|\downarrow\rangle$ 的概率都是 $\frac{1}{2}$。但是我们知道 $\frac{1}{\sqrt{2}}|\uparrow\rangle+\frac{1}{\sqrt{2}}|\downarrow\rangle=|\leftarrow\rangle$ 和 $\frac{1}{\sqrt{2}}|\uparrow\rangle-\frac{1}{\sqrt{2}}|\downarrow\rangle=|\rightarrow\rangle$，因此如果选择在 90° 方向测量自旋，第一个 ket 将得到 S 而第二个 ket 将得到 N。选择这组基能够区分它们，因此它们并不是等价的。

目前有一件事情并不是很清楚，那就是基与选择的方向之间的联系。我们已经知道在垂直（0°）方向测量的基是 $\left(\begin{bmatrix}1\\0\end{bmatrix},\begin{bmatrix}0\\1\end{bmatrix}\right)$，在水平（90°）方向测量的基是 $\left(\begin{bmatrix}\frac{1}{\sqrt{2}}\\\frac{-1}{\sqrt{2}}\end{bmatrix},\begin{bmatrix}\frac{1}{\sqrt{2}}\\\frac{1}{\sqrt{2}}\end{bmatrix}\right)$。

这些基是从哪里来的？之后学到贝尔定理时，我们还会需要 120° 与 240° 对应的基，这些基又是什么？我们将在下一节中回答这些问题。

3.4　自旋方向与基

我们从测量装置开始讨论。以垂直方向作为起点，然后按照顺时针方向进行旋转。我们知道，当旋转 90° 时以水平方向进行测量，当旋转 180° 时再次以垂直方向进行测量。一个在 0° 自旋为 N 的电子将在 180° 自旋为 S，一个在 0° 自旋为 S 的电子将在 180° 自旋为 N。更具体地，我们说一个磁铁的北极朝向一个方向，和说这个磁铁的南极朝向相反的方向含义是相同的。因此我们只需要将实验装置从 0° 旋转到 180° 就可以覆盖所有的方向。

我们现在考虑基。我们将标准基 $\left(\begin{bmatrix}1\\0\end{bmatrix},\begin{bmatrix}0\\1\end{bmatrix}\right)$ 作为起点，如图 3.1 所示，这可以当作平面上的两个向量画出。

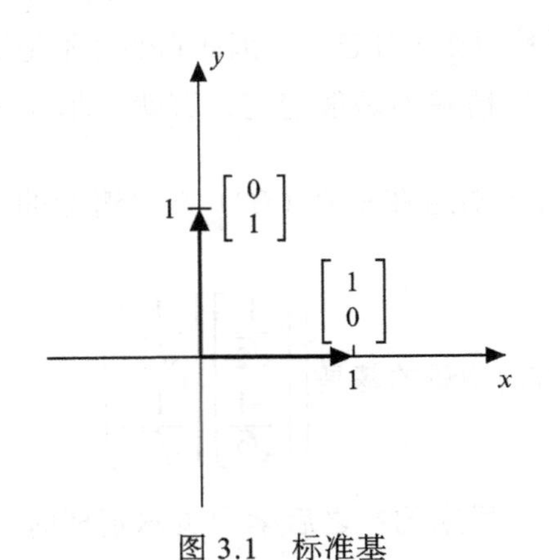

图 3.1　标准基

我们旋转这两个向量。一般来说，图 3.2 是旋转 α 的情况。向量 $\begin{bmatrix}1\\0\end{bmatrix}$ 旋转到 $\begin{bmatrix}\cos(\alpha)\\-\sin(\alpha)\end{bmatrix}$，向量 $\begin{bmatrix}0\\1\end{bmatrix}$ 旋转到 $\begin{bmatrix}\sin(\alpha)\\\cos(\alpha)\end{bmatrix}$。

旋转 α 使最初的有序标准正交基从 $\left(\begin{bmatrix}1\\0\end{bmatrix},\begin{bmatrix}0\\1\end{bmatrix}\right)$ 变为

$\left(\begin{bmatrix}\cos(\alpha)\\-\sin(\alpha)\end{bmatrix},\begin{bmatrix}\sin(\alpha)\\\cos(\alpha)\end{bmatrix}\right)$。

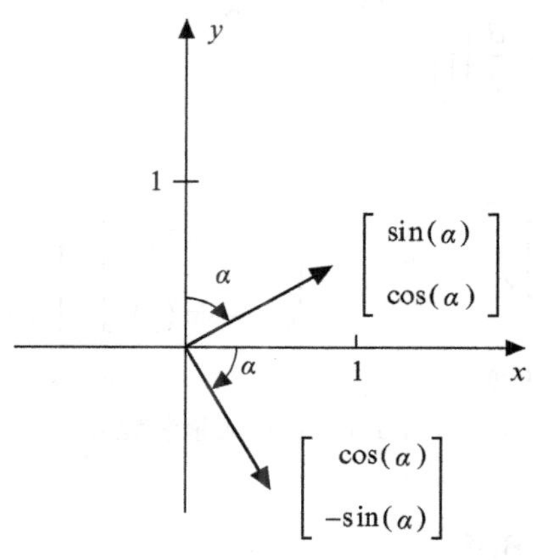

图 3.2　标准基旋转 α

如果旋转 90° 标准基变成 $\left(\begin{bmatrix}\cos(90°)\\-\sin(90°)\end{bmatrix},\begin{bmatrix}\sin(90°)\\\cos(90°)\end{bmatrix}\right)$，化简得 $\left(\begin{bmatrix}0\\-1\end{bmatrix},\begin{bmatrix}1\\0\end{bmatrix}\right)$。我们之前提到，$\begin{bmatrix}0\\-1\end{bmatrix}$与$\begin{bmatrix}0\\1\end{bmatrix}$等价，因此旋转 90° 得到的基与最初的基是等价的，除了基中元素的顺序被交换了（即 N 和 S 交换）。

令 θ 表示实验装置旋转的角度，α 表示基向量旋转的角度。我们已经知道，当 θ 从 0° 到 180°，我们可以得到所有方向的集合，并且当 α 从 0° 到 90°，我们可以得到所有旋转基的集合。一旦 θ=180° 或等价地 α=90°，在 0° 方向测量的 N 和 S 交换。

我们很自然地定义 $\theta=2\alpha$，因此将实验装置旋转 θ 对应的基是

$$\left(\begin{bmatrix}\cos\left(\frac{\theta}{2}\right)\\-\sin\left(\frac{\theta}{2}\right)\end{bmatrix},\begin{bmatrix}\sin\left(\frac{\theta}{2}\right)\\\cos\left(\frac{\theta}{2}\right)\end{bmatrix}\right)$$

。图 3.3 说明了这一点。

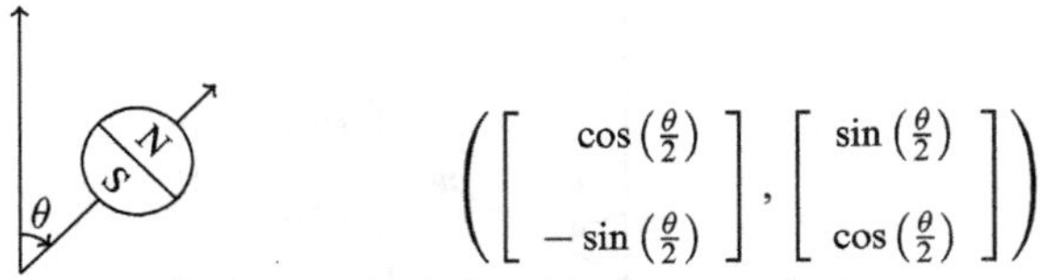

$$\left(\begin{bmatrix}\cos\left(\frac{\theta}{2}\right)\\-\sin\left(\frac{\theta}{2}\right)\end{bmatrix},\begin{bmatrix}\sin\left(\frac{\theta}{2}\right)\\\cos\left(\frac{\theta}{2}\right)\end{bmatrix}\right)$$

a）测量角度　　b）基

图 3.3　旋转测量装置 θ

3.5　装置旋转 60°

为了说明我们的公式，来看看当装置旋转 60° 时会发生什么。假设第一次在 0° 测量的电子自旋为 N，我们将用旋转 60° 的装置再次测量，测量结果为 N 的概率是多少呢？

旋转后的装置对应的基是 $\left(\begin{bmatrix}\cos(30^\circ)\\-\sin(30^\circ)\end{bmatrix},\begin{bmatrix}\sin(30^\circ)\\\cos(30^\circ)\end{bmatrix}\right)$，化简得

$$\left(\begin{bmatrix}\frac{\sqrt{3}}{2}\\-\frac{1}{2}\end{bmatrix},\begin{bmatrix}\frac{1}{2}\\\frac{\sqrt{3}}{2}\end{bmatrix}\right)$$

。

因为最初电子在 0° 测量的自旋为 N，所以测量后它的状态是 $\begin{bmatrix}1\\0\end{bmatrix}$。我们现在必须将它表示成新的基向量的线性组合。为了得到

新的基向量对应的系数，我们将状态向量左乘基的 bra 组成的矩阵。也就是：

$$\begin{bmatrix} \frac{\sqrt{3}}{2} & \frac{-1}{2} \\ \frac{1}{2} & \frac{\sqrt{3}}{2} \end{bmatrix} \begin{bmatrix} 1 \\ 0 \end{bmatrix} = \begin{bmatrix} \frac{\sqrt{3}}{2} \\ \frac{1}{2} \end{bmatrix}$$

它告诉我们

$$\begin{bmatrix} 1 \\ 0 \end{bmatrix} = \frac{\sqrt{3}}{2} \begin{bmatrix} \frac{\sqrt{3}}{2} \\ \frac{-1}{2} \end{bmatrix} + \frac{1}{2} \begin{bmatrix} \frac{1}{2} \\ \frac{\sqrt{3}}{2} \end{bmatrix}$$

因此在 60° 测量得到 N 的概率是 $\left(\frac{\sqrt{3}}{2}\right)^2 = \frac{3}{4}$。

3.6　光子偏振的数学模型

在本书的大部分内容中，我们将注意力集中在测量电子自旋上，但在第 1 章中提到过，我们可以将一切都改写成光子偏振。下面几节会解释电子自旋和光子偏振的相似之处，并且给出光子偏振的数学模型。

我们首先将 0° 对应一个垂直摆放的偏振滤光片——一种只允许垂直偏振的光子通过的滤光片，也就是说水平偏振的光子无法通过。和电子自旋一样，我们将标准基 $\left(\begin{bmatrix} 1 \\ 0 \end{bmatrix}, \begin{bmatrix} 0 \\ 1 \end{bmatrix}\right)$ 对应 0°，向量

$\begin{bmatrix}1\\0\end{bmatrix}$对应垂直偏振的光子，向量$\begin{bmatrix}0\\1\end{bmatrix}$对应水平偏振的光子。将滤光片旋转角度$\beta$，它现在允许$\beta$方向偏振的光子通过，不允许与$\beta$垂直方向偏振的光子通过。

和电子自旋的数学模型一样，每个方向都存在一组有序标准正交基$(|b_1\rangle,|b_2\rangle)$对应在此方向测量的偏振。$|b_1\rangle$对应此方向偏振的光子，可以通过这个滤光片；$|b_2\rangle$对应垂直于此方向偏振的光子，不能通过这个滤光片。

一个光子的偏振状态由一个 ket $|v\rangle$决定，它可以表示成这组基的线性组合：$|v\rangle=d_1|b_1\rangle+d_2|b_2\rangle$。

在给定的有序基的方向测量偏振，光子在此方向偏振的概率是d_1^2，在垂直方向偏振的概率是d_2^2，也就是说光子通过滤光片的概率是d_1^2，无法通过的概率是d_2^2。

如果测量结果是光子在此方向偏振（它通过了滤光片），那么光子的状态变成$|b_1\rangle$。

3.7 偏振方向与基

回想之前我们将标准基$\left(\begin{bmatrix}1\\0\end{bmatrix},\begin{bmatrix}0\\1\end{bmatrix}\right)$旋转$\alpha$得到新的标准正交基$\left(\begin{bmatrix}\cos(\alpha)\\-\sin(\alpha)\end{bmatrix},\begin{bmatrix}\sin(\alpha)\\\cos(\alpha)\end{bmatrix}\right)$，旋转 90° 后得到和最初一样的基，除了基

中元素的顺序交换。

现在考虑将一个偏振滤光片旋转角度 β。当 β 等于 0°，我们就是在垂直和水平方向测量偏振，垂直偏振的光子通过滤光片，而水平偏振的光子无法通过。一旦 β 等于 90°，我们还是在垂直和水平方向测量偏振，只不过现在垂直偏振的光子无法通过，而水平偏振的光子则可以。这种情况下，β=90° 对应 α=90°，更一般地，我们可以令 $\alpha=\beta$。

因此，旋转 β 的滤光片对应的有序标准正交基是 $\left(\begin{bmatrix}\cos(\beta)\\-\sin(\beta)\end{bmatrix},\begin{bmatrix}\sin(\beta)\\\cos(\beta)\end{bmatrix}\right)$。

3.8　偏振滤波实验

现在使用我们的模型来描述第 1 章中的实验。第一个实验中我们有两个偏振方块，一个测量 0° 方向的偏振，另一个测量 90° 方向的偏振。如图 3.4 所示，没有光能够通过方块重叠的区域。

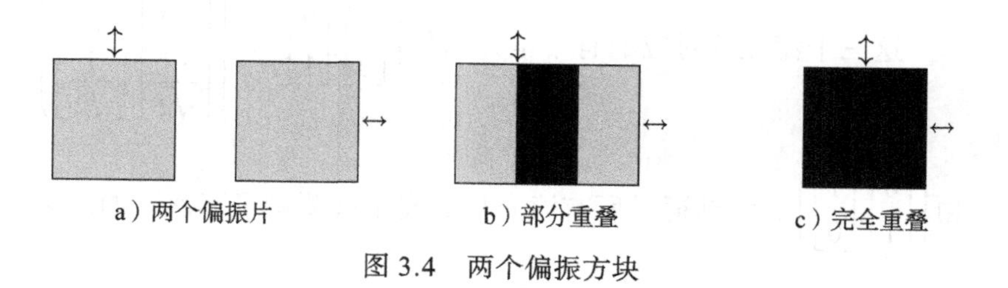

图 3.4　两个偏振方块

0° 对应的基是标准正交基，90° 也是一样，只不过元素顺序交换。能够通过第一个滤光片的光子一定是垂直偏振的，因此它现在的状态是$\begin{bmatrix}1\\0\end{bmatrix}$。我们现在用第二个滤光片测量这个光子，由于第二个滤光片接受状态为$\begin{bmatrix}0\\1\end{bmatrix}$的光子并拒绝状态为$\begin{bmatrix}1\\0\end{bmatrix}$的光子，所以通过第一个滤光片的光子无法通过第二个滤光片。

在三个滤光片的实验中，前两个滤光片按照之前的方法摆放，我们将第三个滤光片旋转 45° 并放置在前两个中间。如图 3.5 所示，在三个滤光片的重叠区域有少量的光通过。

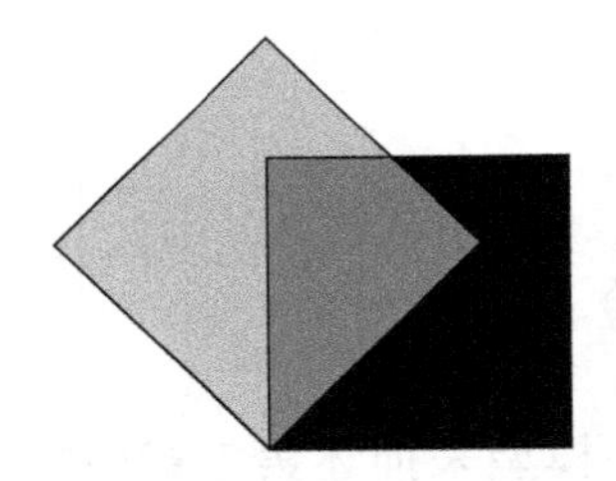

图 3.5　三个偏振方块

这三个滤光片对应的有序基分别是$\left(\begin{bmatrix}1\\0\end{bmatrix},\begin{bmatrix}0\\1\end{bmatrix}\right)$、$\left(\begin{bmatrix}\frac{1}{\sqrt{2}}\\\frac{-1}{\sqrt{2}}\end{bmatrix},\begin{bmatrix}\frac{1}{\sqrt{2}}\\\frac{1}{\sqrt{2}}\end{bmatrix}\right)$和$\left(\begin{bmatrix}0\\1\end{bmatrix},\begin{bmatrix}1\\0\end{bmatrix}\right)$。能够通过所有滤光片的光子被测量了三次。通过第一个滤光片的光子将处于状态$\begin{bmatrix}1\\0\end{bmatrix}$。第二次测量对应通过旋转 45° 的滤光片，我们需要使用合适的基重写这个状态。

$$\begin{bmatrix}1\\0\end{bmatrix}=\frac{1}{\sqrt{2}}\begin{bmatrix}\frac{1}{\sqrt{2}}\\\frac{-1}{\sqrt{2}}\end{bmatrix}+\frac{1}{\sqrt{2}}\begin{bmatrix}\frac{1}{\sqrt{2}}\\\frac{1}{\sqrt{2}}\end{bmatrix}$$

通过第一个滤光片的光子再通过第二个的概率是$\left(\frac{1}{\sqrt{2}}\right)^2=\frac{1}{2}$，因此通过第一个滤光片的光子有一半将会通过第二个，这些光子将处于状态$\begin{bmatrix}\frac{1}{\sqrt{2}}\\\frac{-1}{\sqrt{2}}\end{bmatrix}$。第三个滤光片对应使用第三组基进行测量，我们必须使用这组基重写光子状态。

$$\begin{bmatrix}\frac{1}{\sqrt{2}}\\\frac{-1}{\sqrt{2}}\end{bmatrix}=\frac{-1}{\sqrt{2}}\begin{bmatrix}0\\1\end{bmatrix}+\frac{1}{\sqrt{2}}\begin{bmatrix}1\\0\end{bmatrix}$$

通过第三个滤光片的光子对应状态$\begin{bmatrix}0\\1\end{bmatrix}$，其概率是$\left(\frac{-1}{\sqrt{2}}\right)^2=\frac{1}{2}$。因此，通过前两个滤光片的光子有一半将会通过第三个滤光片。

我们已经展示了该数学模型是如何与电子自旋和光子偏振联系在一起的，这个模型正是描述量子比特所需要的。

3.9　量子比特

一个经典比特要么是 0 要么是 1，它可以用任何拥有两种互斥状态的事物来表示。一个典型的例子就是开关，它要么处于开启状态，要么处于关闭状态。比特的测量并不包含在经典计算机科学中，比特就是比特，它要么是 0 要么是 1，它就在那里。但是量子比特的情况就复杂得多，测量是其数学描述中至关重要的一部分。

我们定义一个量子比特是 $\mathbb{R}^2$ 中的任意单位向量。通常给定一个量子比特，我们就会想要去测量它。如果打算测量它，就需要准备一个测量的方向，这通过引入一组有序标准正交基 $(|b_0\rangle,|b_1\rangle)$ 来实现。这个量子比特可以写作基向量的线性组合（通常被称作线性叠加态），它的一般形式是 $d_0|b_0\rangle+d_1|b_1\rangle$。测量之后，它的状态将会变成 $|b_0\rangle$ 或 $|b_1\rangle$，变成 $|b_0\rangle$ 的概率是 d_0^2，变成 $|b_1\rangle$ 的概率是 d_1^2。这正是我们一直在使用的数学模型，不过现在我们将经典比特 0 和 1 与基向量联系起来，我们将 $|b_0\rangle$ 对应 0，$|b_1\rangle$ 对应 1。因此，当我们测量量子比特 $d_0|b_0\rangle+d_1|b_1\rangle$ 时，得到 0 的概率是 d_0^2，得到 1 的概率是 d_1^2。

由于一个量子比特可以是任意单位向量，并且存在无穷多个单位向量，所以一个量子比特的取值有无穷多种可能，这和只有两种比特的经典计算不同。然而非常重要的是，想要得到量子比特的信息就不得不去测量它。当我们去测量它就会得到 0 或者 1，因此结果仍然是经典比特。

下面我们将会使用 Alice、Bob 和 Eve 来给出一些说明性的例子。

3.10　Alice、Bob 与 Eve

Alice、Bob 和 Eve 是密码学中经常出现的三个角色。Alice 想要发送一段密电给 Bob，不幸的是，带有邪恶意图的 Eve 想要窃听。Alice 要怎样加密她的信息才能使 Bob 可以读懂而 Eve 不能呢？这就是密码学的核心问题，我们之后再来谈这个问题。现在只需要把注意力集中在 Alice 发送一串量子比特给 Bob。

Alice 使用她的标准正交基 $(|a_0\rangle,|a_1\rangle)$ 来测量量子比特，Bob 使用标准正交基 $(|b_0\rangle,|b_1\rangle)$ 来测量 Alice 发送给他的量子比特。

假设 Alice 想要发送 0。她可以使用她的测量设备将量子比特分成 $|a_0\rangle$ 或 $|a_1\rangle$。由于她想要发送 0，她发送状态为 $|a_0\rangle$ 的量子比特。Bob 使用他的有序基来测量，想要知道发生了什么，我们就必须将 $|a_0\rangle$ 写成 Bob 的基向量的线性组合：$|a_0\rangle=d_0|b_0\rangle+d_1|b_1\rangle$。当 Bob 测量这个量子比特时，将会有两种可能发生：要么它以 d_0^2 的概率变成 $|b_0\rangle$，Bob 记下 0；要么它以 d_1^2 的概率变成 $|b_1\rangle$，Bob 记下 1。

你可能会奇怪为什么 Bob 和 Alice 不选择同一组基。如果他们这样做，无论何时 Alice 发送 0，Bob 都会收到 0；无论何时 Alice 发送 1，Bob 都会收到 1。这没有问题，但是别忘了还有 Eve。如果她选择了相同的基，那么她也会收到和 Bob 完全相同的信息。之后我们将会看到，有很多好的理由支持 Alice 和 Bob 选择不同的基来阻挠 Eve。

举个例子，Alice 和 Bob 可能选择 $\left(\begin{bmatrix}1\\0\end{bmatrix},\begin{bmatrix}0\\1\end{bmatrix}\right)$ 和 $\left(\begin{bmatrix}\frac{1}{\sqrt{2}}\\\frac{-1}{\sqrt{2}}\end{bmatrix},\begin{bmatrix}\frac{1}{\sqrt{2}}\\\frac{1}{\sqrt{2}}\end{bmatrix}\right)$ 来测量他们的量子比特。之前考虑垂直和水平方向测量自旋时已经计算过，唯一的改变是将 N 替换成 0，S 替换成 1。只要 Alice 和 Bob 选择相同的基，Bob 就会得到 Alice 想要发送的比特；如果他们选择不同的基，那么 Bob 有一半时间收到正确的比特，一半时间收到错误的比特。这看上去可能没什么用，但在本章最后我们将会看到 Alice 和 Bob 可以使用这两组基来加密他们的通信。

从现在开始的几章中，Alice 和 Bob 将会每人随机选择三组基中的一组，这对应了在 0°、120° 和 240° 方向测量电子自旋。我们需要分析所有的可能，不过现在举一个具体的例子，Alice 在 240° 测量而 Bob 在 120° 测量。

我们知道在 θ 方向测量的标准正交基是 $\left(\begin{bmatrix}\cos\left(\frac{\theta}{2}\right)\\-\sin\left(\frac{\theta}{2}\right)\end{bmatrix},\begin{bmatrix}\sin\left(\frac{\theta}{2}\right)\\\cos\left(\frac{\theta}{2}\right)\end{bmatrix}\right)$。因此，Alice 的基是 $\left(\begin{bmatrix}\frac{-1}{2}\\\frac{-\sqrt{3}}{2}\end{bmatrix},\begin{bmatrix}\frac{\sqrt{3}}{2}\\\frac{-1}{2}\end{bmatrix}\right)$，Bob 的基是 $\left(\begin{bmatrix}\frac{1}{2}\\\frac{-\sqrt{3}}{2}\end{bmatrix},\begin{bmatrix}\frac{\sqrt{3}}{2}\\\frac{1}{2}\end{bmatrix}\right)$。由于将一个向量乘以 −1 得到等价的向量，我们

可以将 Alice 的基简化为 $\left(\begin{bmatrix}\frac{1}{2}\\\frac{\sqrt{3}}{2}\end{bmatrix},\begin{bmatrix}\frac{\sqrt{3}}{2}\\\frac{-1}{2}\end{bmatrix}\right)$。（注意，这是我们之前看到的 60° 的基，其中基向量顺序交换。这没什么好惊讶的，事实上这正是我们期待的。在 240° 测量为 N 和在 60° 测量为 S 完全相同。）

如果 Alice 想要发送 0，她发送量子比特 $\begin{bmatrix}\frac{1}{2}\\\frac{\sqrt{3}}{2}\end{bmatrix}$。为了计算 Bob 的测量结果，我们需要将它写成 Bob 的基向量的线性组合。我们可以将他的基向量的 bra 组成矩阵，然后将矩阵乘以量子比特得到概率振幅。

$$\begin{bmatrix}\frac{1}{2} & \frac{-\sqrt{3}}{2}\\\frac{\sqrt{3}}{2} & \frac{1}{2}\end{bmatrix}\begin{bmatrix}\frac{1}{2}\\\frac{\sqrt{3}}{2}\end{bmatrix}=\begin{bmatrix}\frac{-1}{2}\\\frac{\sqrt{3}}{2}\end{bmatrix}$$

它告诉我们：

$$\begin{bmatrix}\frac{1}{2}\\\frac{\sqrt{3}}{2}\end{bmatrix}=\frac{-1}{2}\begin{bmatrix}\frac{1}{2}\\\frac{-\sqrt{3}}{2}\end{bmatrix}+\frac{\sqrt{3}}{2}\begin{bmatrix}\frac{\sqrt{3}}{2}\\\frac{1}{2}\end{bmatrix}$$

这意味着当 Bob 测量这个量子比特时，他得到 0 的概率是 $\frac{1}{4}$，得到 1 的概率是 $\frac{3}{4}$。类似地，我们可以验证如果 Alice 发送 1，Bob 得到 1 的概率是 $\frac{1}{4}$，得到 0 的概率是 $\frac{3}{4}$。

这里有一个有趣的练习：你可以验证如果 Alice 和 Bob 从这三组基中选择，那么 Bob 得到正确比特的概率总是 $\frac{1}{4}$。

3.11 概率振幅与相干性

如果你向水塘中丢一块石头，石头入水处会传播出波纹。如果你丢两块石头，两处传出的波纹会发生干涉。如果波是同相的（波峰或波谷重叠），那么就会得到相长干涉，即合并后波的振幅增大。如果波是反相的（一个波的波峰遇见另一个波的波谷），那么就会得到相消干涉，即合并后波的振幅减小。

一个形如 $d_0|b_0\rangle+d_1|b_1\rangle$ 的量子比特，其中 d_0 和 d_1 是概率振幅，它们的平方是量子比特变成相应基向量的概率。概率不能是负数，但概率振幅可以。这个事实允许相长干涉和相消干涉同时发生。

举个例子，考虑量子比特 $|\leftarrow\rangle$ 和 $|\rightarrow\rangle$。如果我们用标准基测量它们，它们会变成 $|\uparrow\rangle$ 或 $|\downarrow\rangle$，每种情况都有 $\frac{1}{2}$ 的概率发生。如果翻译成比特，我们得到 0 或 1 的概率都是 $\frac{1}{2}$。现在考虑两个量子比

特的叠加态 $|v\rangle=\frac{1}{\sqrt{2}}|\leftarrow\rangle+\frac{1}{\sqrt{2}}|\rightarrow\rangle$。如果我们在水平方向测量 $|v\rangle$，得到 $|\leftarrow\rangle$ 或 $|\rightarrow\rangle$ 的概率都是 $\frac{1}{2}$。但如果我们在垂直方向测量，结果一定得到 0，因为

$$|v\rangle=\frac{1}{\sqrt{2}}|\leftarrow\rangle+\frac{1}{\sqrt{2}}|\rightarrow\rangle=\frac{1}{\sqrt{2}}\begin{bmatrix}\frac{1}{\sqrt{2}}\\ \frac{1}{\sqrt{2}}\end{bmatrix}+\frac{1}{\sqrt{2}}\begin{bmatrix}\frac{1}{\sqrt{2}}\\ \frac{-1}{\sqrt{2}}\end{bmatrix}=1\begin{bmatrix}1\\ 0\end{bmatrix}+0\begin{bmatrix}0\\ 1\end{bmatrix}$$

$|\leftarrow\rangle$ 和 $|\rightarrow\rangle$ 中给出 0 的项产生相消干涉，给出 1 的项产生相长干涉。

在考虑量子算法时，这种现象是非常重要的。我们想要认真地选择线性组合的方式，使得我们不感兴趣的项消去，感兴趣的项放大。

只使用一个量子比特能做到的事情相当有限，但却可以使得 Alice 和 Bob 的通信变得安全。

3.12　Alice、Bob、Eve 和 BB84 协议

我们总是想要发送安全的信息，所有的互联网贸易都依赖于此。标准的加密解密信息分两步：第一步发生在第一次通信建立时，双方确立一个密钥——一个二进制长字符串。一旦双方都拥有这个密钥，他们就使用这个密钥加密和解密信息。这种方法的安全性来自这个密钥，没有密钥就不可能解密信息。

Alice 和 Bob 想要安全地通信，Eve 想要窃听。Alice 和 Bob 想要确立一个密钥，但是他们必须保证 Eve 不知道它。

BB84 协议的名字来自它的发明者 Charles Bennett 和 Gilles Brassard 以及发明的年份 1984 年。它使用两个有序标准正交基：用于垂直方向测量自旋的标准基$\left(\begin{bmatrix}1\\0\end{bmatrix},\begin{bmatrix}0\\1\end{bmatrix}\right)$，记作 $\boldsymbol{V}$；用于水平方向测量自旋的基$\left(\begin{bmatrix}\frac{1}{\sqrt{2}}\\\frac{-1}{\sqrt{2}}\end{bmatrix},\begin{bmatrix}\frac{1}{\sqrt{2}}\\\frac{1}{\sqrt{2}}\end{bmatrix}\right)$，记作 $\boldsymbol{H}$。在这两种情况下，经典比特 0 对应有序基中的第一个向量，经典比特 1 对应第二个向量。

Alice 选择她想要发送给 Bob 的密钥，这是一个经典比特的字符串。对于每一个比特，Alice 随机等概率地从两组基 $\boldsymbol{V}$ 和 $\boldsymbol{H}$ 中选择一个。然后她将对应基向量组成的量子比特发送给 Bob。例如，如果她想发送 0 并且选择了 $\boldsymbol{V}$，她就会发送$\begin{bmatrix}1\\0\end{bmatrix}$；如果选择了 $\boldsymbol{H}$，就会发送$\begin{bmatrix}\frac{1}{\sqrt{2}}\\\frac{-1}{\sqrt{2}}\end{bmatrix}$。对于每一个比特都这么做，并记录下来每一个比特使用了哪一组基。如果要发送的字符串是 $4n$ 长度的二进制串，她会得到一个长度为 $4n$ 的 $\boldsymbol{V}$ 和 $\boldsymbol{H}$ 的字符串。(为什么使用 $4n$ 而不是 n，未来会解释，不过 n 应该是足够大的数字。)

Bob 同样随机等概率地在两个基中选择，然后用选择的基测量量子比特。对于每一个比特都这么做，并记录他选择的是哪一组基。在传输完成后，他也拥有两个长度为 $4n$ 的字符串，一个由他测量得到的 0 和 1 组成，另一个由他选择的 $\boldsymbol{V}$ 和 $\boldsymbol{H}$ 组成。

对每一个比特，Alice 和 Bob 都随机地选择基，有一半的时间他们选择了相同的基，另一半时间他们选择了不同的基。如果选择了相同的一组基，那么 Bob 一定会得到 Alice 发送的那个比特；如果选择了不同的基，那么 Bob 一半的时间得到正确的比特，一半的时间得到错误的比特——当他们选择不同的基时，没有信息传输过来。

现在 Alice 和 Bob 使用非加密的线路对比他们的 $\boldsymbol{V}$ 和 $\boldsymbol{H}$ 字符串。当他们选择相同基时保留这个比特，选择不同基时消除这个比特。如果 Eve 没有在窃听，他们就都拥有了相同的长度大概是 $2n$ 的二进制字符串。现在必须检查 Eve 是否在窃听。

如果 Eve 在量子比特从 Alice 发送到 Bob 的过程中窃听，她会很想要复制一份，将一份拷贝发送给 Bob 并测量另一份。然而不幸的是，这是不可能的。为了得到任何信息，她必须测量 Alice 发送的量子比特，这会改变这个量子比特——最终变成她选择测量使用的基中的一个向量。在最好的情况下，她从两个基中随机地选择，测量这个量子比特，并将它发送给 Bob。让我们看看会发生什么。

Alice 和 Bob 只对他们选择相同的基的测量感兴趣，我们会将注意力限制在这些时候。当 Alice 和 Bob 选择了相同的基，一半的时间 Eve 也选择了相同的，另一半的时间她选择了不同的。如果他们三个都选择了相同的，那么他们在测量时会得到相同的比特；如果 Eve 选择了错误的基，那么她发送的量子比特是 Bob 的基的叠加态。当 Bob 测量时得到 0 和 1 的概率相同，他有一半时间得到正确的比特。

我们现在回到 Alice 和 Bob 以及此时长度为 $2n$ 的字符串。他们知道如果 Eve 没有窃听，这两个字符串是相同的。但是如果 Eve 在窃听，她有一半的时间选择了错误的基，这种情况下，Bob 有一半的时间得到错误的比特。因此，如果 Eve 在窃听，Bob 有四分之一的比特和 Alice 不同。现在他们通过非加密的线路对比这 $2n$ 个比特中的一半，如果这些比特完全相同，就知道 Eve 并没有在窃听，就可以使用另外 n 个比特作为密钥；如果这些比特有四分之一不同，就知道 Eve 在窃听他们的量子比特，他们就需要找另外的方式来保证通信的安全。

这是一次发送一个量子比特的好例子，然而若与其他量子比特不相互作用，则量子比特能做的事情很少。下一章中我们将看到，当我们拥有两个或更多量子比特时会发生什么。尤其，我们将看到一种经典世界没有却在量子世界中扮演重要角色的现象——纠缠。

第4章

纠　　缠

在这一章，我们会学习纠缠的数学描述。为了做到这一点，我们需要再引入一个线性代数中的概念——张量积。我们首先观察两个没有相互作用的系统。由于没有相互作用，我们可以单独研究每个系统，而不需要考虑另外一个系统，但我们也会展示如何使用张量积将两个系统联合起来。接着，我们会介绍两个向量空间的张量积，并表明大多数张量积形式的向量代表了所谓的纠缠态。

这一章自始至终会有两个量子比特，Alice 拥有一个，而 Bob 拥有另一个。我们将通过分析一个例子来开始本章的学习，在这个例子里，Alice 的系统和 Bob 的系统没有相互作用。此分析最初可能会使一些非常简单的东西看起来有点复杂，但是一旦我们使用张量积描述了所有东西，将基本思想推广到一般的纠缠态就变得相当简单了。

然而，我们现在采取的方法并不同于以前的方法。与提出物理实验然后推导出数学模型的方法不同，我们将采取另一种方法。

我们将尽可能简单地扩展模型，然后看看做实验时应该发现哪些此模型预测出来的结果。尽管我们发现该模型准确预测出了实验结果，但这些结果仍然非常令人惊讶。

4.1 非纠缠量子比特

我们假设 Alice 将使用标准正交基 $(|a_0\rangle,|a_1\rangle)$ 来测量并且 Bob 将使用标准正交基 $(|b_0\rangle,|b_1\rangle)$ 来测量。Alice 的一个典型的量子比特是 $|v\rangle=c_0|a_0\rangle+c_1|a_1\rangle$，Bob 的则是 $|w\rangle=d_0|b_0\rangle+d_1|b_1\rangle$。我们可以用一种被称为张量积的新型乘积将这两个状态向量联合起来，形成的新向量记为 $|v\rangle\otimes|w\rangle$。

现在 $|v\rangle\otimes|w\rangle=(c_0|a_0\rangle+c_1|a_1\rangle)\otimes(d_0|b_0\rangle+d_1|b_1\rangle)$。如何将这两项用新的乘积乘起来呢？我们将尽可能自然地做到这一点。我们用通常将 $(a+b)(c+d)$ 型的代数式展开的方法把它展开，写成

$$
\begin{aligned}
&(c_0|a_0\rangle+c_1|a_1\rangle)\otimes(d_0|b_0\rangle+d_1|b_1\rangle)\\
&=c_0d_0|a_0\rangle\otimes|b_0\rangle+c_0d_1|a_0\rangle\otimes|b_1\rangle+c_1d_0|a_1\rangle\otimes|b_0\rangle+c_1d_1|a_1\rangle\otimes|b_1\rangle
\end{aligned}
$$

如果你熟悉 FOIL 方法，应该认识到这正是我们所做的。为了简化术语，我们将两个 ket 并列来表示张量积，因此 $|v\rangle\otimes|w\rangle$ 记为 $|v\rangle|w\rangle$。

$$
\begin{aligned}
&|v\rangle|w\rangle=(c_0|a_0\rangle+c_1|a_1\rangle)(d_0|b_0\rangle+d_1|b_1\rangle)\\
&=c_0d_0|a_0\rangle|b_0\rangle+c_0d_1|a_0\rangle|b_1\rangle+c_1d_0|a_1\rangle|b_0\rangle+c_1d_1|a_1\rangle|b_1\rangle
\end{aligned}
$$

虽然这只是将两个相乘的表达式展开的标准方法，但有一件

事我们必须清楚：张量积中的第一个 ket 属于 Alice 且第二个 ket 属于 Bob。例如，$|v\rangle|w\rangle$ 表示 $|v\rangle$ 属于 Alice 且 $|w\rangle$ 属于 Bob。乘积 $|w\rangle|v\rangle$ 表示 $|w\rangle$ 属于 Alice 且 $|v\rangle$ 属于 Bob。所以，一般来说 $|v\rangle|w\rangle$ 并不等于 $|w\rangle|v\rangle$。也就是说，张量积是不可交换的。

Alice 将用她的标准正交基 $(|a_0\rangle,|a_1\rangle)$ 测量并且 Bob 将用他的标准正交基 $(|b_0\rangle,|b_1\rangle)$ 测量。我们将用张量积来表示 Alice 的量子比特和 Bob 的量子比特。这涉及四个来自基向量的张量积：$|a_0\rangle|b_0\rangle,|a_0\rangle|b_1\rangle,|a_1\rangle|b_0\rangle$，$|a_1\rangle|b_1\rangle$。这四个张量积形成了 Alice 的系统和 Bob 的系统的张量积的标准正交基：它们都是单位向量，且两两正交。

这个时候，虽然引入了新的符号，但是我们并没有从概念上介绍任何新的东西。那只是一些我们早就知道的知识，只是不同的形式而已。例如，c_0d_0 是一个概率振幅，它的平方给出了当 Alice 和 Bob 测量他们的量子比特时，Alice 的量子比特跃迁到 $|a_0\rangle$（即她读到 0）且 Bob 的量子比特跃迁到 $|b_0\rangle$（即他读到 0）的概率。但我们早已知道 Alice 的量子比特跃迁到 $|a_0\rangle$ 的概率是 c_0^2，Bob 的量子比特跃迁到 $|b_0\rangle$ 的概率是 d_0^2。所以，我们知道它们同时发生的概率是 $c_0^2d_0^2$，当然，它等同于 $(c_0d_0)^2$。类似地，$c_0^2d_1^2$、$c_1^2d_0^2$ 和 $c_1^2d_1^2$ 分别是 Alice 和 Bob 读到 01、10 和 11 的概率（记住，Alice 的比特总是写在 Bob 的前面）。

接下来，我们将用一个符号取代上述两个符号来表示这些概

率振幅，令 $r=c_0d_0$，$s=c_0d_1$，$t=c_1d_0$，$u=c_1d_1$。因为它们是概率振幅，所以我们知道 $r^2+s^2+t^2+u^2=1$。因为 ru 和 st 都等于 $c_0c_1d_0d_1$，所以我们也知道 $ru=st$。现在，我们有一个新的想法：用形如 $r|a_0\rangle|b_0\rangle+s|a_0\rangle|b_1\rangle+t|a_1\rangle|b_0\rangle+u|a_1\rangle|b_1\rangle$ 的张量来描述 Alice 的量子比特和 Bob 的量子比特的状态。同样保证 $r^2+s^2+t^2+u^2=1$，所以我们可以把 r、s、t 和 u 看作概率振幅，但是不再坚持 $ru=st$。我们允许 r、s、t 和 u 取任意值，只要满足它们的平方和为 1。

给定满足 $r^2+s^2+t^2+u^2=1$ 的形如 $r|a_0\rangle|b_0\rangle+s|a_0\rangle|b_1\rangle+t|a_1\rangle|b_0\rangle+u|a_1\rangle|b_1\rangle$ 的张量，会有两种情况。第一种情况是 $ru=st$，在这种情况下我们说 Alice 的量子比特和 Bob 的量子比特是**非纠缠的**。第二种情况是 $ru\neq st$，在这种情况下我们说 Alice 的量子比特和 Bob 的量子比特是**纠缠的**。如果我们把这些项按下标顺序 00、01、10、11 写出来，这个规则就很容易记住了。在这个顺序下，ru 是外项并且 st 是内项，所以如果外项积等于内项积，两个量子比特是非纠缠的；如果外项积不等于内项积，两个量子比特是纠缠的。

我们将会观察一些例子来讲解这两种情况。

4.2 非纠缠量子比特的计算

假设我们已经得知 Alice 的量子比特和 Bob 的量子比特是

$$\frac{1}{2\sqrt{2}}|a_0\rangle|b_0\rangle+\frac{\sqrt{3}}{2\sqrt{2}}|a_0\rangle|b_1\rangle+\frac{1}{2\sqrt{2}}|a_1\rangle|b_0\rangle+\frac{\sqrt{3}}{2\sqrt{2}}|a_1\rangle|b_1\rangle$$

快速计算出概率振幅的外项积和内项积，它们都等于$\frac{\sqrt{3}}{8}$，所以这两个量子比特是非纠缠的。

这些概率振幅告诉我们当 Alice 和 Bob 都进行测量时会发生什么。他们有$\frac{1}{8}$的概率得到 00，有$\frac{3}{8}$的概率得到 01，有$\frac{1}{8}$的概率得到 10，有$\frac{3}{8}$的概率得到 11。

稍微困惑的是，如果他们中的一个先测量，会发生什么。我们首先假设 Alice 将进行一次测量，而 Bob 没有进行测量。为了做到这一点，我们首先从 Alice 的角度提取公因式，将这个张量积改写成

$$|a_0\rangle\left(\frac{1}{2\sqrt{2}}|b_0\rangle+\frac{\sqrt{3}}{2\sqrt{2}}|b_1\rangle\right)+|a_1\rangle\left(\frac{1}{2\sqrt{2}}|b_0\rangle+\frac{\sqrt{3}}{2\sqrt{2}}|b_1\rangle\right)$$

接下来，我们希望括号内的表达式是单位向量，所以我们将括号内的表达式除以长度，并将长度乘到括号外面，得到

$$\frac{1}{\sqrt{2}}|a_0\rangle\left(\frac{1}{2}|b_0\rangle+\frac{\sqrt{3}}{2}|b_1\rangle\right)+\frac{1}{\sqrt{2}}|a_1\rangle\left(\frac{1}{2}|b_0\rangle+\frac{\sqrt{3}}{2}|b_1\rangle\right)$$

然后，我们可以提取括号内的表达式作为公因式（记住它是 Bob 的，所以需要把它保持在右边）。

$$\left(\frac{1}{\sqrt{2}}|a_0\rangle+\frac{1}{\sqrt{2}}|a_1\rangle\right)\left(\frac{1}{2}|b_0\rangle+\frac{\sqrt{3}}{2}|b_1\rangle\right)$$

写成这种形式后，就可以明确知道这个状态是非纠缠的了。

我们拥有了一个 Alice 的量子比特和 Bob 的量子比特的张量积。

由此我们可以推断，如果 Alice 先测量，她获得 0 和获得 1 的概率相等。这个测量不会对 Bob 的量子比特的状态造成影响，它依然是

$$\left(\frac{1}{2}|b_0\rangle+\frac{\sqrt{3}}{2}|b_1\rangle\right)$$

我们也可以从公因式中看出，如果 Bob 首先测量，他将有 $\frac{1}{4}$ 的概率得到 0，有 $\frac{3}{4}$ 的概率得到 1。同样，Bob 的测量对 Alice 的量子比特也没有影响。

当两个量子比特不纠缠时，对其中一个量子比特的测量完全不会对另一个量子比特造成影响。而纠缠量子比特的情况则完全不同：如果两个量子比特是纠缠的，对其中一个量子比特的测量会影响另外一个。我们将用一个例子来讲解它。

4.3 纠缠量子比特的计算

假设我们已经得知 Alice 的量子比特和 Bob 的量子比特是

$$\frac{1}{2}|a_0\rangle|b_0\rangle+\frac{1}{2}|a_0\rangle|b_1\rangle+\frac{1}{\sqrt{2}}|a_1\rangle|b_0\rangle+0|a_1\rangle|b_1\rangle$$

我们快速计算外项积和内项积。外项积等于 0，但由于内项积不等于 0，所以这两个量子比特是纠缠的。

通常，Alice 和 Bob 都将会测量。像之前一样，我们可以通

过概率振幅得知当 Alice 和 Bob 都测量他们的量子比特时会发生什么。他们将有 $\frac{1}{4}$ 的概率得到 00，有 $\frac{1}{4}$ 的概率得到 01，有 $\frac{1}{2}$ 的概率得到 10，有 0 的概率得到 11。注意，还没有什么奇怪的事情发生，这与非纠缠情况下的计算完全相同。

现在我们将看到如果他们其中一个进行测量会发生什么。我们首先假设 Alice 将进行一次测量，而 Bob 没有进行测量。为了做到这一点，我们首先从 Alice 的角度提取公因式，将张量积改写成

$$|a_0\rangle\left(\frac{1}{2}|b_0\rangle+\frac{1}{2}|b_1\rangle\right)+|a_1\rangle\left(\frac{1}{\sqrt{2}}|b_0\rangle+0|b_1\rangle\right)$$

像之前一样，我们希望括号内的表达式是单位向量，所以我们将括号内的表达式除以长度，并将长度乘到括号外面，得到

$$\frac{1}{\sqrt{2}}|a_0\rangle\left(\frac{1}{\sqrt{2}}|b_0\rangle+\frac{1}{\sqrt{2}}|b_1\rangle\right)+\frac{1}{\sqrt{2}}|a_1\rangle(1|b_0\rangle+0|b_1\rangle)$$

在前面的例子中，括号内的项是相同的，所以我们可以把这个共同的项作为公因式。但在这里，括号内的项是不同的，这表明它们是纠缠的。

Alice 的 ket 的概率振幅告诉我们当她测量时得到 0 和 1 的概率是相等的。但是当 Alice 得到 0 时，她的量子比特跃迁到 $|a_0\rangle$。这个复合系统变成非纠缠态 $|a_0\rangle\left(\frac{1}{\sqrt{2}}|b_0\rangle+\frac{1}{\sqrt{2}}|b_1\rangle\right)$，而且 Bob 的量子比特不再和 Alice 的量子比特纠缠，它现在是 $\left(\frac{1}{\sqrt{2}}|b_0\rangle+\frac{1}{\sqrt{2}}|b_1\rangle\right)$。当 Alice 得到 1 时，Bob 的量子比特不再和

Alice 的量子比特纠缠，它会变成 $|b_0\rangle$。

Alice 的测量结果影响了 Bob 的量子比特。如果她得到 0，Bob 的量子比特会变成 $\left(\frac{1}{\sqrt{2}}|b_0\rangle+\frac{1}{\sqrt{2}}|b_1\rangle\right)$；如果她得到 1，Bob 的量子比特会变成 $|b_0\rangle$。这看起来确实很奇怪：Alice 和 Bob 可能相距很远，只要 Alice 测量了，Bob 的量子比特就变成非纠缠的了，但它究竟是什么状态取决于 Alice 的测量结果。

为了完整，我们来看看当 Bob 首先测量时会发生什么。

我们从最初的张量积开始。

$$\frac{1}{2}|a_0\rangle|b_0\rangle+\frac{1}{2}|a_0\rangle|b_1\rangle+\frac{1}{\sqrt{2}}|a_1\rangle|b_0\rangle+0|a_1\rangle|b_1\rangle$$

从 Bob 的角度改写成

$$\left(\frac{1}{2}|a_0\rangle+\frac{1}{\sqrt{2}}|a_1\rangle\right)|b_0\rangle+\left(\frac{1}{2}|a_0\rangle+0|a_1\rangle\right)|b_1\rangle$$

像之前一样，我们希望括号内的表达式是单位向量，所以我们将括号内的表达式除以长度，并将长度乘到括号外面，得到

$$\left(\frac{1}{\sqrt{3}}|a_0\rangle+\frac{\sqrt{2}}{\sqrt{3}}|a_1\rangle\right)\frac{\sqrt{3}}{2}|b_0\rangle+(1|a_0\rangle+0|a_1\rangle)\frac{1}{2}|b_1\rangle$$

当 Bob 测量他的量子比特时，有 $\frac{3}{4}$ 的概率得到 0，有 $\frac{1}{4}$ 的概率得到 1。当 Bob 得到 0 时，Alice 的量子比特跃迁到状态 $\left(\frac{1}{\sqrt{3}}|a_0\rangle+\frac{\sqrt{2}}{\sqrt{3}}|a_1\rangle\right)$。当 Bob 得到 1 时，Alice 的量子比特跃迁到 $|a_0\rangle$。

当第一个人测量其量子比特时，第二个人的量子比特立即跃迁到两种状态之一，这两种状态取决于第一个人的测量结果。这和我们日常生活的经验很不一样。稍后我们将看到制备纠缠量子比特的巧妙方法，但首先，我们考虑超光速通信。

4.4　超光速通信

超光速通信是比光速更快的通信，这似乎可以推断出两个明显矛盾的结论。第一，爱因斯坦的狭义相对论告诉我们：当你加速运动至接近光速时，时间会变慢；如果你能以光速运动，时间会停止；而如果你能超光速运动，时间会倒流。这个理论还告诉我们，当我们接近光速时，质量会无限制地增加，这意味着我们永远无法达到光速。而且，我们似乎不太可能回到过去。如果可以的话，我们会遇到类似科幻小说的场景，在这些场景中，我们可以阻止某些改变历史的事件发生。时间穿梭似乎会导致矛盾。这不仅排除了物理穿梭，也排除了通信穿梭。如果我们可以发送消息给过去，仍然可以改变历史进程——我们仍然可以设计出一些利用通信便可导致现在发生巨大变化的场景，例如阻止自己的出生。因此，我们的一个直接想法是超光速通信应该是不可能的。

另一方面，假设 Alice 和 Bob 在宇宙相对的两端并且拥有许多纠缠的量子比特，它们是自旋态纠缠的电子。Alice 拥有每一对纠缠电子中的一个，而 Bob 拥有另一个。(虽然我们正在谈论纠缠电子，但应该清楚实际的电子是完全分离的，纠缠的只是它们的自旋态。)

当 Alice 测量她的一个电子时，Bob 相应的电子的自旋态瞬间跃迁到两个不同的状态之一。瞬间明显快于光速！纠缠不能用于瞬间通信吗？

假设每对纠缠电子都处于我们刚刚研究过的纠缠自旋态：

$$\frac{1}{2}|a_0\rangle|b_0\rangle+\frac{1}{2}|a_0\rangle|b_1\rangle+\frac{1}{\sqrt{2}}|a_1\rangle|b_0\rangle+0|a_1\rangle|b_1\rangle$$

假设 Alice 测量其电子的自旋，并且是在 Bob 测量其“同伴”的自旋之前。我们已经看到她得到了一个 0 和 1 的随机字符串，并且 0 和 1 出现的概率相同。

相反，假设 Bob 在 Alice 之前测量他的自旋，然后 Alice 再测量她的自旋，她现在会得到什么？当 Alice 进行测量时，他们都已经测量过了，所以我们可以使用最初的概率振幅表达式。我们知道他们得到 00 和 01 的概率都是 $\frac{1}{4}$，得到 10 的概率是 $\frac{1}{2}$，得到 11 的概率则是 0。因此，Alice 得到 0 的概率是 $\frac{1}{4}+\frac{1}{4}=\frac{1}{2}$，得到 1 的概率是 $\frac{1}{2}+0=\frac{1}{2}$。所以，Alice 会得到一个 0 和 1 的随机字符串，并且 0 和 1 出现的概率相同，但这与她先测量时的情况完全一致。因此，Alice 无法从她的测量结果中判断出它们是在 Bob 测量之前还是之后。所有纠缠态都是这样的。如果 Alice 和 Bob 无法通过他们的测量结果判断谁先测量，那么其中一个人肯定无法向另一个发送任何信息。

我们已经证明，当他们的量子比特具有特定的纠缠态时，

Alice 和 Bob 不能发送信息，但该结论还可以推广到任意纠缠态。无论 Alice 的量子比特和 Bob 的量子比特具有什么状态，他们都不可能仅仅通过测量量子比特来发送信息。

现在我们已经看到超光速通信是不可能的，我们转向用标准基写出张量积的乏味任务，但是之后将使用前面章节中的量子钟例子回到对纠缠量子比特的探索。

4.5　张量积的标准基

$\mathbb{R}^2$ 的标准基是 $\left(\begin{bmatrix}1\\0\end{bmatrix},\begin{bmatrix}0\\1\end{bmatrix}\right)$。当 Alice 和 Bob 都使用标准基时，张量积的形式是：

$$r\begin{bmatrix}1\\0\end{bmatrix}\otimes\begin{bmatrix}1\\0\end{bmatrix}+s\begin{bmatrix}1\\0\end{bmatrix}\otimes\begin{bmatrix}0\\1\end{bmatrix}+t\begin{bmatrix}0\\1\end{bmatrix}\otimes\begin{bmatrix}1\\0\end{bmatrix}+u\begin{bmatrix}0\\1\end{bmatrix}\otimes\begin{bmatrix}0\\1\end{bmatrix}$$

因此，$\mathbb{R}^2\otimes\mathbb{R}^2$ 的标准有序基是

$$\left(\begin{bmatrix}1\\0\end{bmatrix}\otimes\begin{bmatrix}1\\0\end{bmatrix},\begin{bmatrix}1\\0\end{bmatrix}\otimes\begin{bmatrix}0\\1\end{bmatrix},\begin{bmatrix}0\\1\end{bmatrix}\otimes\begin{bmatrix}1\\0\end{bmatrix},\begin{bmatrix}0\\1\end{bmatrix}\otimes\begin{bmatrix}0\\1\end{bmatrix}\right)$$

因为它的基包含四个向量，所以是一个四维空间。标准的四维空间是 $\mathbb{R}^4$，它的有序基是

$$\left(\begin{bmatrix}1\\0\\0\\0\end{bmatrix},\begin{bmatrix}0\\1\\0\\0\end{bmatrix},\begin{bmatrix}0\\0\\1\\0\end{bmatrix},\begin{bmatrix}0\\0\\0\\1\end{bmatrix}\right)$$

我们把 $\mathbb{R}^2\otimes\mathbb{R}^2$ 中的基向量和 $\mathbb{R}^4$ 中的基向量等同起来，并确保它们保持顺序。

$$\begin{bmatrix}1\\0\\0\\0\end{bmatrix}=\begin{bmatrix}1\\0\end{bmatrix}\otimes\begin{bmatrix}1\\0\end{bmatrix},\quad \begin{bmatrix}0\\1\\0\\0\end{bmatrix}=\begin{bmatrix}1\\0\end{bmatrix}\otimes\begin{bmatrix}0\\1\end{bmatrix},\quad \begin{bmatrix}0\\0\\1\\0\end{bmatrix}=\begin{bmatrix}0\\1\end{bmatrix}\otimes\begin{bmatrix}1\\0\end{bmatrix},\quad \begin{bmatrix}0\\0\\0\\1\end{bmatrix}=\begin{bmatrix}0\\1\end{bmatrix}\otimes\begin{bmatrix}0\\1\end{bmatrix}$$

最简单的记忆方法是使用以下的构造。

$$\begin{bmatrix}a_0\\a_1\end{bmatrix}\otimes\begin{bmatrix}b_0\\b_1\end{bmatrix}=\begin{bmatrix}a_0\begin{bmatrix}b_0\\b_1\end{bmatrix}\\a_1\begin{bmatrix}b_0\\b_1\end{bmatrix}\end{bmatrix}=\begin{bmatrix}a_0b_0\\a_0b_1\\a_1b_0\\a_1b_1\end{bmatrix}$$

注意，下标符合标准的二进制顺序：00,01,10,11。

4.6 如何制备纠缠的量子比特

本书是关于量子计算的数学基础的，它不是关于如何制造量子计算机的。我们将不会花太多时间在物理实验的细节上，但因为物理学家如何制备纠缠粒子的问题很重要，所以我们将做简要介绍。我们可以用纠缠的光子或者电子来表示纠缠的量子比特。虽然我们经常说粒子是纠缠的，但真正的意思是它们的状态向量（即 $\mathbb{R}^2\otimes\mathbb{R}^2$ 中的张量）是纠缠的，而实际的粒子是分开的，正如我们之前指出的那样，它们可能相距很远。回到我们的问题：如何制备一对状态向量纠缠的粒子？首先，我们看一下物理实验中如何制备纠缠粒子，然后再看看量子门如何产生纠缠的量子比特。

现在最常用的方法涉及光子，这个方法被称为**自发参量下转换**（Spontaneous Parametric Down-Conversion，SPDC）。激光束发射光子穿过一种特殊晶体，大多数光子恰好穿过，但有些光子一分为二。这个过程必须遵守能量和动量守恒——两个所得光子的总能量和总动量必须等于初始光子的能量和动量。守恒定律保证了描述两个光子偏振的状态是纠缠的。

在宇宙中，电子常常是纠缠的。在本书开头，我们描述了 Stern 和 Gerlach 对银原子的实验。回想一下，内层轨道电子的自旋抵消，只剩下最外层轨道的孤电子在原子中自旋。最内层轨道有两个电子，它们是纠缠的，所以它们的自旋抵消。我们可以把描述这些电子自旋的状态向量看成

$$\frac{1}{\sqrt{2}}\begin{bmatrix}1\\0\end{bmatrix}\otimes\begin{bmatrix}0\\1\end{bmatrix}-\frac{1}{\sqrt{2}}\begin{bmatrix}0\\1\end{bmatrix}\otimes\begin{bmatrix}1\\0\end{bmatrix}$$

纠缠电子也出现在超导体中，并且这些电子已用于实验。然而，我们常常想要相距很远的纠缠粒子——我们将会在稍后谈到的贝尔实验中看到这一点。

使用彼此接近的纠缠电子然后再将它们分开的主要问题是，它们具有与环境相互作用的趋势，很难同时将它们分开并避免这种情况。另一方面，纠缠光子更容易分离，虽然更难以测量。然而，两全其美却是可能的。这是由代尔夫特理工大学的一个国际团队完成的，他们称之为无漏洞贝尔实验。他们用了两颗相距 1.3 公里的钻石，每颗钻石都有轻微的缺陷——氮原子在某些地方改变了碳原子晶格结构。电子被困在缺陷中，激光激发每个钻石中的电子，使两个电子都发射光子。发射的光子与发射它们的电子的

自旋纠缠在一起，然后光子通过光缆相互趋近并在分光镜相遇。分光镜是一种标准的设备，通常用于将一束光分成两束，但在这里它被用来纠缠两个光子。之后，这两个光子会被测量，使两个电子彼此纠缠[⊖]。(我们将会在下一章解释为什么这个团队要做这项实验。)

在量子计算中，我们通常会输入非纠缠的量子比特并使用CNOT门来纠缠它们。稍后我们将准确解释量子门是什么，但实际的计算只涉及矩阵乘法。这里只做简要介绍。

4.7 使用CNOT门制备纠缠的量子比特

我们将在之后给出量子门的实际定义，但现在只谈论它们对应于正交基，或者等价于正交矩阵。

四维空间$\mathbb{R}^4$的标准有序基是

$$\left(\begin{bmatrix}1\\0\\0\\0\end{bmatrix},\begin{bmatrix}0\\1\\0\\0\end{bmatrix},\begin{bmatrix}0\\0\\1\\0\end{bmatrix},\begin{bmatrix}0\\0\\0\\1\end{bmatrix}\right)$$

交换最后两个向量的顺序，就会形成CNOT门的矩阵：

$$\begin{bmatrix}1&0&0&0\\0&1&0&0\\0&0&0&1\\0&0&1&0\end{bmatrix}$$

该量子门作用于成对的量子比特。要使用矩阵，就必须把所

⊖ 这里有个短视频，https://www.youtube.com/watch?v=AE8MaQJkRcg/。

有向量写成四维向量。我们来看一个例子。

首先考虑非纠缠的张量积：

$$\frac{1}{\sqrt{2}}\begin{bmatrix}1\\1\end{bmatrix}\otimes\begin{bmatrix}1\\0\end{bmatrix}=\frac{1}{\sqrt{2}}\begin{bmatrix}1\\0\\1\\0\end{bmatrix}$$

当我们发送量子比特通过这个量子门时，它们会被改变。改变后的量子比特就是该矩阵乘以它。

$$\begin{bmatrix}1&0&0&0\\0&1&0&0\\0&0&0&1\\0&0&1&0\end{bmatrix}\begin{bmatrix}\frac{1}{\sqrt{2}}\\0\\\frac{1}{\sqrt{2}}\\0\end{bmatrix}=\begin{bmatrix}\frac{1}{\sqrt{2}}\\0\\0\\\frac{1}{\sqrt{2}}\end{bmatrix}=\frac{1}{\sqrt{2}}\begin{bmatrix}1\\0\\0\\1\end{bmatrix}$$

最后一个向量对应于一对纠缠量子比特——内项振幅的积为零，不等于外项振幅的积。它可以改写成

$$\frac{1}{\sqrt{2}}\begin{bmatrix}1\\0\end{bmatrix}\otimes\begin{bmatrix}1\\0\end{bmatrix}+\frac{1}{\sqrt{2}}\begin{bmatrix}0\\1\end{bmatrix}\otimes\begin{bmatrix}0\\1\end{bmatrix}$$

我们将经常使用这种纠缠的量子比特。它具有非常好的属性：如果 Alice 和 Bob 在标准基上测量，他们都会得到$\begin{bmatrix}1\\0\end{bmatrix}$，对应 0；或者他们都会得到$\begin{bmatrix}0\\1\end{bmatrix}$，对应 1。这两种情况发生的概率相等[⊖]。

⊖ 在下一章中，我们将看到 Alice 和 Bob 不必使用标准基。如果他们都使用相同的正交基，无论哪一个，他们仍然会得到完全相同的结果。

我们用量子钟类比来进一步研究这一点。

4.8 纠缠的量子钟

回想一下量子钟的比喻。我们只能询问指针是否指向某个确切的方向，并且量子钟将回答它是指向该方向还是指向相反方向。

我们让向量$\begin{bmatrix}1\\0\end{bmatrix}$对应于指向 12，$\begin{bmatrix}0\\1\end{bmatrix}$对应于指向 6。考虑一对处于纠缠态$\frac{1}{\sqrt{2}}\begin{bmatrix}1\\0\end{bmatrix}\otimes\begin{bmatrix}1\\0\end{bmatrix}+\frac{1}{\sqrt{2}}\begin{bmatrix}0\\1\end{bmatrix}\otimes\begin{bmatrix}0\\1\end{bmatrix}$的量子钟。实际上，我们考虑一百对处于这种状态的量子钟。假设你有这些量子钟中的一百个，而我则有一百个它们的“同伴”。我们都会反复问同一个问题：指针指向 12 吗？

第一种情形，我们不会彼此联系，并且一次只问一个量子钟，每次量子钟将回答是或否。如果是，我们将写下 1；如果不是，则写下 0。在完成所有提问之后，我们分别得到一个 0 和 1 的字符串，并各自分析自己的字符串。两个字符串都是 0 和 1 的随机序列，两个数字出现的次数大致相同。现在我们互相联系并比较字符串：你的字符串和我的字符串都是相同的，在所有一百个位置上，字符串都是一致的。

第二种情形，同样我们每个人都有一百个量子钟，这次我们达成协议，你将首先进行测量。你会在整点时问你的问题，半小时后我会问我的问题。在提问相隔的半小时之间，你会打电话给我并告诉我我的量子钟将会回答什么。在实验结束时，我们都会有一个 0 和 1 的字符串，两个字符串在每个位置都一致。每次你打电话告诉我我的测量结果时，你都是正确的。我们能否得出结论：你的测量结果正在影响我的测量结果？

好吧，假设我现在告诉你我在作弊，我没有遵守规则。事实上，在你提问之前的半小时我正在提问。在你提问之前我就已经知道了你的量子钟的答案，你的电话只是证实我的所知。

你无法从数据中判断我是在遵守规则还是在作弊，也无法判断我的提问是在你提问之前还是之后。

这里没有因果关系，只有相关性。正如之前看到的，不能使用这些纠缠的量子钟在我们之间发送消息，但这个过程仍然很神秘。阿尔伯特·爱因斯坦将纠缠描述为“幽灵般的超距作用”。如今很多人会说那没有作用，只有相关性。当然，我们可以对“作用”的定义进行争论，但即便我们同意没有作用，似乎也会出现一些诡异的事情。

假设你和我有一对纠缠的量子钟，我们正在通过电话交谈。我们都还没有向的量子钟提问，所以它们仍然是纠缠的。在这种状态下，如果你提问你的量子钟，你将有同等的机会得到指针指向 12 或 6 的答案。但是当我提问我的量子钟时，你不再有同等的机会得到两个答案之一，你会得到与我完全相同的答案。

如果在我们的量子钟纠缠时这种相关性就已经确定，那么这种相关性就不会是诡异的了，尽管我们不知道指针是否指向了 12 或 6。我们不得不等到其中一个人问这个问题，只要我们中的一个人得到答案，另一个人就知道答案了。

但这并不是我们的模型所描述的。我们的模型表明，指针指向哪个方向不是事先确定的，只有当我们其中一个人提问时才会确定。这就是让它变得诡异的原因。

在下一章中，我们将详细介绍这一点。我们将看到一个模型，它以一种直观的、非诡异的方式结合了相关性。不幸的是，它是错误的。约翰·思图尔特·贝尔（John Stewart Bell）提出了一个巧妙的实验来证明这个简单的解释是不正确的，并且神秘的诡异性仍然存在。

第5章

贝尔不等式

我们已经看到了小部分量子力学的数学模型，它涉及粒子的自旋或光子的偏振，这让我们可以用数学来描述量子比特。这是标准模型，由尼尔斯·玻尔（Niels Bohr）在他当时生活和工作的哥本哈根提出，所以通常被称为**哥本哈根解释**。

20世纪早期的一些伟大的物理学家，包括阿尔伯特·爱因斯坦（Albert Einstein）和欧文·薛定谔（Erwin Schrödinger），都不喜欢这个模型，不喜欢它所给出的状态会随着给定基态的概率而跃迁的解释。他们反对使用概率和超距作用的概念，认为应该有一个使用“隐变量”和“定域实在性”的更好的模型。他们并不反对使用哥本哈根模型进行计算，但他们认为应该有一个更深层次的理论来解释为什么这些计算会产生正确的答案——一个消除随机性并能解释这个谜团的理论。

玻尔和爱因斯坦都对量子力学的哲学感兴趣，并就该理论的真正含义进行了一系列辩论。在这一章，我们将看看他们的两个不同的观点。你可能担心我们是否偏离了主题，而且担心哲学基础对于理解量子计算是否是必需的。我们现在都知道爱因斯坦和薛定谔的观点是错误的，并且哥本哈根模型被认为是标准模型。但爱因斯坦和薛定谔都是杰出的科学家，我们有很多理由去研究他们的观点。

首先，玻尔和爱因斯坦之间的争论集中在定域实在性上。我们稍后将对此进行更多解释，但本质上定域实在性意味着粒子只能受到附近物质变化的影响。事实上，我们都是定域实在者，但量子力学告诉我们——我们错了。爱因斯坦的模型在我们看来是自然而正确的——至少在我看来是这样的。当我第一次听到量子纠缠的时候，我很自然地假设了一个类似于爱因斯坦的模型，你也可能像我一样错误地考虑了纠缠。这些观点对物理哲学是很重要的，有助于我们理解神秘性是无法被消除的。

约翰·思图尔特·贝尔（John Stewart Bell）是一位爱尔兰物理学家，他设计了一个可以区分这两个模型的巧妙实验。令许多人感到惊讶的是，这些模型不仅仅是哲学的，还是可测试的理论。我们只学习了小部分量子力学所需的数学，但它正是理解贝尔的结果所需要的。他的实验已经被进行了好几次。在这个实验的设置中消除所有可能的偏差是很棘手的，但是越来越多可能的漏洞已经被排除了。实验结果一直与哥本哈根解释一致。由于贝尔的结果是 20 世纪最重要的结果之一，并且我们已经有了数学工具，因此对它进行研究很有意义。

你可能仍然想知道这与量子计算有什么关系。我们将在本章末尾看到，贝尔不等式背后的思想可用于发送被加密的消息。此外，当我们研究量子算法时，贝尔使用的纠缠量子比特将重新出现，因此这一章与量子计算有关。写这一章的主要原因是我发现这些事实很吸引人，我希望你也会被吸引。

首先看一下我们在上一章介绍的纠缠量子比特，并看看如果我们在不同的基上测量它们会发生什么。我们使用前面章节中的标准模型（哥本哈根模型）来开始我们的分析。

5.1　不同基下的纠缠量子比特

在上一章中，我们观察了两个处于状态 $\frac{1}{\sqrt{2}}\begin{bmatrix}1\\0\end{bmatrix}\otimes\begin{bmatrix}1\\0\end{bmatrix}+\frac{1}{\sqrt{2}}\begin{bmatrix}0\\1\end{bmatrix}\otimes\begin{bmatrix}0\\1\end{bmatrix}$ 的纠缠量子钟。

我们知道，如果 Alice 和 Bob 各有一个量子钟，并且都提问指针是否指向 12，那么他们都会得到回答它指向 12 或者它指向 6。这两种情况可能性相同，但 Alice 和 Bob 都会得到完全相同的答案。我们现在想知道如果 Alice 和 Bob 改变他们的测量方向会发生什么。例如，如果他们都提问指针是否指向 4 会发生什么？我们知道量子钟会回答指针指向 4 或 10，但 Alice 和 Bob 会得到完全相同的回答吗？这两个回答的可能性相同吗？

首先，我们对一个两量子比特纠缠态做一个直观的讨论

$$\frac{1}{\sqrt{2}}\begin{bmatrix}1\\0\end{bmatrix}\otimes\begin{bmatrix}0\\1\end{bmatrix}+\frac{1}{\sqrt{2}}\begin{bmatrix}0\\1\end{bmatrix}\otimes\begin{bmatrix}1\\0\end{bmatrix}$$

可能有两个电子表示这种状态。假设 Alice 和 Bob 测量其电子在 0° 方向上的自旋，如果 Alice 得到 N，那么 Bob 得到 S；如果 Alice 得到 S，那么 Bob 得到 N。像之前提到的那样，这可能

是原子中自旋抵消的两个电子。但是我们希望自旋能够在各个方向上抵消，所以我们希望如果 Alice 和 Bob 选择新的基来测量，他们仍然会得到相反方向的自旋。对称性似乎也暗示着两个方向的可能性相同。

这个直观的观点让我们猜想：如果我们拥有纠缠量子比特

$$\frac{1}{\sqrt{2}}\begin{bmatrix}1\\0\end{bmatrix}\otimes\begin{bmatrix}1\\0\end{bmatrix}+\frac{1}{\sqrt{2}}\begin{bmatrix}0\\1\end{bmatrix}\otimes\begin{bmatrix}0\\1\end{bmatrix}$$

然后使用新的标准正交基 $(|b_0\rangle,|b_1\rangle)$ 改写此状态，我们应该得到 $\frac{1}{\sqrt{2}}|b_0\rangle\otimes|b_0\rangle+\frac{1}{\sqrt{2}}|b_1\rangle\otimes|b_1\rangle$。当然，我们的观点是直观的，并且明确地使某些像量子力学一样具有反直觉性的事物直观起来。这并不完全具有说服力，但在这种情况下，我们是正确的，正如我们现在将要证明的那样。

证明 $\frac{1}{\sqrt{2}}\begin{bmatrix}1\\0\end{bmatrix}\otimes\begin{bmatrix}1\\0\end{bmatrix}+\frac{1}{\sqrt{2}}\begin{bmatrix}0\\1\end{bmatrix}\otimes\begin{bmatrix}0\\1\end{bmatrix}$ 等于 $\frac{1}{\sqrt{2}}|b_0\rangle\otimes|b_0\rangle+\frac{1}{\sqrt{2}}|b_1\rangle\otimes|b_1\rangle$

我们首先把 ket $|b_0\rangle$ 和 $|b_1\rangle$ 写成列向量，让 $|b_0\rangle=\begin{bmatrix}a\\b\end{bmatrix}$ 和 $|b_1\rangle=\begin{bmatrix}c\\d\end{bmatrix}$。接下来，我们会把标准基向量表示成新的基向量的线性组合。我们用标准方法完成（使用第 2 章末尾的第二个工具）。我们从 $\begin{bmatrix}1\\0\end{bmatrix}$ 开始。等式

$$\begin{bmatrix} a & b \\ c & d \end{bmatrix}\begin{bmatrix} 1 \\ 0 \end{bmatrix}=\begin{bmatrix} a \\ c \end{bmatrix}$$

告诉我们

$$\begin{bmatrix} 1 \\ 0 \end{bmatrix}=a\begin{bmatrix} a \\ b \end{bmatrix}+c\begin{bmatrix} c \\ d \end{bmatrix}$$

因此，

$$\begin{bmatrix} 1 \\ 0 \end{bmatrix}\otimes\begin{bmatrix} 1 \\ 0 \end{bmatrix}=\left(a\begin{bmatrix} a \\ b \end{bmatrix}+c\begin{bmatrix} c \\ d \end{bmatrix}\right)\otimes\begin{bmatrix} 1 \\ 0 \end{bmatrix}$$

整理右边的项得到

$$a\begin{bmatrix} a \\ b \end{bmatrix}\otimes\begin{bmatrix} 1 \\ 0 \end{bmatrix}+c\begin{bmatrix} c \\ d \end{bmatrix}\otimes\begin{bmatrix} 1 \\ 0 \end{bmatrix}$$

它可以改写成

$$\begin{bmatrix} a \\ b \end{bmatrix}\otimes\begin{bmatrix} a \\ 0 \end{bmatrix}+\begin{bmatrix} c \\ d \end{bmatrix}\otimes\begin{bmatrix} c \\ 0 \end{bmatrix}$$

因此，$\begin{bmatrix} 1 \\ 0 \end{bmatrix}\otimes\begin{bmatrix} 1 \\ 0 \end{bmatrix}=\begin{bmatrix} a \\ b \end{bmatrix}\otimes\begin{bmatrix} a \\ 0 \end{bmatrix}+\begin{bmatrix} c \\ d \end{bmatrix}\otimes\begin{bmatrix} c \\ 0 \end{bmatrix}$。

类似的计算也可以得到

$$\begin{bmatrix} 0 \\ 1 \end{bmatrix}\otimes\begin{bmatrix} 0 \\ 1 \end{bmatrix}=\begin{bmatrix} a \\ b \end{bmatrix}\otimes\begin{bmatrix} 0 \\ b \end{bmatrix}+\begin{bmatrix} c \\ d \end{bmatrix}\otimes\begin{bmatrix} 0 \\ d \end{bmatrix}$$

两式相加得到

$$\begin{bmatrix} 1 \\ 0 \end{bmatrix}\otimes\begin{bmatrix} 1 \\ 0 \end{bmatrix}+\begin{bmatrix} 0 \\ 1 \end{bmatrix}\otimes\begin{bmatrix} 0 \\ 1 \end{bmatrix}=\begin{bmatrix} a \\ b \end{bmatrix}\otimes\left(\begin{bmatrix} a \\ 0 \end{bmatrix}+\begin{bmatrix} 0 \\ b \end{bmatrix}\right)+\begin{bmatrix} c \\ d \end{bmatrix}\otimes\left(\begin{bmatrix} c \\ 0 \end{bmatrix}+\begin{bmatrix} 0 \\ d \end{bmatrix}\right)$$

它可以简化成

$$\begin{bmatrix}a\\b\end{bmatrix}\otimes\begin{bmatrix}a\\b\end{bmatrix}+\begin{bmatrix}c\\d\end{bmatrix}\otimes\begin{bmatrix}c\\d\end{bmatrix}$$

即 $|b_0\rangle\otimes|b_0\rangle+|b_1\rangle\otimes|b_1\rangle$。

所以 $\frac{1}{\sqrt{2}}\begin{bmatrix}1\\0\end{bmatrix}\otimes\begin{bmatrix}1\\0\end{bmatrix}+\frac{1}{\sqrt{2}}\begin{bmatrix}0\\1\end{bmatrix}\otimes\begin{bmatrix}0\\1\end{bmatrix}$ 确实等于 $\frac{1}{\sqrt{2}}|b_0\rangle\otimes|b_0\rangle+\frac{1}{\sqrt{2}}|b_1\rangle\otimes|b_1\rangle$。

这个结果告诉我们，如果 Alice 和 Bob 拥有处于状态 $\frac{1}{\sqrt{2}}\begin{bmatrix}1\\0\end{bmatrix}\otimes\begin{bmatrix}1\\0\end{bmatrix}+\frac{1}{\sqrt{2}}\begin{bmatrix}0\\1\end{bmatrix}\otimes\begin{bmatrix}0\\1\end{bmatrix}$ 的纠缠量子比特，并且如果他们都选择在标准正交基 $(|b_0\rangle,|b_1\rangle)$ 上来测量他们的量子比特，那么这个纠缠态可以改写成 $\frac{1}{\sqrt{2}}|b_0\rangle|b_0\rangle+\frac{1}{\sqrt{2}}|b_1\rangle|b_1\rangle$。第一次测量过后，这个状态会跃迁到 $(|b_0\rangle,|b_0\rangle)$ 或 $(|b_1\rangle,|b_1\rangle)$，这两种非纠缠态发生的可能性相等。所以结果是：当 Alice 和 Bob 都测量他们的量子比特时，他们都得到 0 或者都得到 1，两个结果可能性相等。

对于贝尔的结果，我们想要使用三个不同的基来测量纠缠量子比特。这些基与我们的测量设备旋转 0°、120° 和 240° 相对应。对于纠缠量子钟，我们将问三个问题之一：指针指向 12、4 还是 8。如果我们把这些基记为 $(|\uparrow\rangle,|\downarrow\rangle)$，$(|\searrow\rangle,|\nwarrow\rangle)$ 和 $(|\swarrow\rangle,|\nearrow\rangle)$，那么以下是完全相同的纠缠态的三种表示：

$$\frac{1}{\sqrt{2}}|\uparrow\rangle|\uparrow\rangle+\frac{1}{\sqrt{2}}|\downarrow\rangle|\downarrow\rangle \quad \frac{1}{\sqrt{2}}|\searrow\rangle|\searrow\rangle+\frac{1}{\sqrt{2}}|\nwarrow\rangle|\nwarrow\rangle \quad \frac{1}{\sqrt{2}}|\swarrow\rangle|\swarrow\rangle+\frac{1}{\sqrt{2}}|\nearrow\rangle|\nearrow\rangle$$

我们现在转向爱因斯坦，看看他如何看待这些纠缠态。

5.2　爱因斯坦与定域实在性

引力为解释定域实在性提供了一个很好的例子。牛顿的万有引力定律给出了一个公式，告诉了我们两个物体之间引力的大小。如果你知道物体的质量、它们相隔的距离和引力常量，公式会给出引力的大小。牛顿的万有引力定律改变了物理学。例如，它可以用来证明行星会围绕恒星在椭圆轨道中运动。虽然它告诉我们引力的值，但是它没有告诉我们将行星与太阳联系起来的机制。

虽然牛顿的万有引力定律对计算很有用，但它并没有解释引力是如何作用的。牛顿本人对此很关心。所有人都认为应该有一些更深层次的理论来解释引力的作用。各种建议被提出，通常涉及一个应该渗透在宇宙的“以太”。虽然人们没有就引力背后的机制如何发挥作用达成共识，但人们一致认为：引力并不是幽灵般的超距作用，而是可以找到一些解释的。人们相信现在所谓的定域实在性。

牛顿的万有引力定律被爱因斯坦的广义引力理论所取代。爱因斯坦的理论不仅在天文观测方面有所改进，准确预测了使用牛顿的理论无法推测的天文观测，而且还解释了引力如何作用。它描述了时空的扭曲，行星会根据它所在位置的时空形状移动。这并没有幽灵般的超距作用。爱因斯坦的理论不仅更精确，而且还描述了引力如何作用，这种描述是定域的：行星会根据其附近空间的形状移动。

当然，量子力学的哥本哈根解释重新引入了这种幽灵般的超距作用的观点：当你测量一对纠缠量子比特时，即使量子比特在物理上相距很远，状态也会立即改变。爱因斯坦的哲学看起来非常自然。他刚刚从引力理论中消除了幽灵般的超距作用，现在又被提出了。现在的不同之处在于，玻尔并不认为有更深层的理论可以解释这一作用背后的机制。但爱因斯坦并不认同。

爱因斯坦相信他可以证明玻尔是错的。协同鲍里斯·波多尔斯基（Boris Podolsky）和纳森·罗森（Nathan Rosen），他写了一篇论文，指出他的狭义相对论表明信息的传播速度不会超过光速，但瞬间的超距作用意味着信息可以瞬间从 Alice 发送到 Bob。基于 Einstein-Podolsky-Rosen，这个问题被称为 EPR 悖论。

如今，EPR 悖论通常用自旋来描述，这是我们将要做的，但不是用爱因斯坦等人描述这个问题的方式。他们考虑了两个纠缠粒子的位置和动量。戴维·伯姆（David Bohm）用自旋重新阐述了这个问题。Bohm 的公式是现在普遍使用的公式，而约翰·思图尔特·贝尔（John Stewart Bell）用它来计算其重要的不等式。虽然 Bohm 在描述和重新阐述悖论方面发挥了重要作用，但他的名字通常被省略。

在最后一章，我们会指出哥本哈根解释不允许信息超光速传输。因此，尽管 EPR 悖论并不是一个真的悖论，但仍然是一个问题：是否存在一种解释可以消除幽灵般的超距作用。

5.3 爱因斯坦和隐变量

在经典观点中，物理学是确定性的——如果知道无限精度的所有初始条件，那么你可以肯定地预测结果。当然，你只能知道某些有限精度的初始条件，这意味着测量值总会存在一些小误差——测量值与真实值之间的微小差异。随着时间的推移，这个误差会增大，直到我们无法对长期发生的事情作出任何合理的的预测。这个想法形成了通常所说的对初始条件敏感依赖的基础。它解释了为什么预测天气超过一周左右是非常不可靠的。然而，重要的是要记住：潜在的理论是确定性的。天气似乎无法被预测，但这不是由于某些固有的随机性，而是我们无法进行足够精确的测量。

另一个将概率纳入经典物理学的领域是与气体有关的定律（热力学定律），但同样，潜在的理论仍然是确定性的。如果我们准确地知道气体中每个分子的速度和质量，理论上我们可以完全准确地预测出未来每个分子会发生什么。当然，在实践中，我们需要考虑太多的分子，因此我们采用平均值并从统计角度观察气体。

这种经典的、确定性的观点来源于爱因斯坦所说的著名的“上帝不会掷骰子”。他认为量子力学中概率的使用表明量子力学理论并不是完备的，应该有一个更深层次的理论，可能涉及新的变量，这是确定性的，但如果你不考虑所有这些未知的变量，那么看起来是概率性的。这些未知的变量被称为隐变量。

5.4 纠缠的经典解释

我们从处于纠缠态 $\frac{1}{\sqrt{2}}|\uparrow\rangle|\uparrow\rangle+\frac{1}{\sqrt{2}}|\downarrow\rangle|\downarrow\rangle$ 的量子钟开始。Alice

和 Bob 将问关于指针是否指向 12 的问题。量子模型表明 Alice 和 Bob 会得到完全相同的回答：它指向 12 或者它指向 6，这两个答案的可能性相等。实际上，我们可以进行测量纠缠电子自旋的实验，实验结果正是量子模型预测的结果。我们如何用经典模型解释它呢？

对前一种情况的经典解释非常简单。电子在任何方向上都有一定的自旋，纠缠的电子通过一些局域的相互作用而纠缠。同样，我们使用隐变量和一个更深层次的理论。我们并不能确切地知道会发生什么，但是有一些局域过程将电子置于完全相同的自旋结构态。当它们纠缠时，两个电子的自旋方向就确定了。

这可以与给我们一副洗好的牌相类比。我们拿出一张牌而不看它，然后把牌切成两半，并把这两半放在两个信封里，我们一直都不知道选择了哪张牌。接着，我们将牌发送给生活在宇宙不同地方的 Bob 和 Alice，Alice 和 Bob 不知道他们拥有哪张牌。它可能是五十二张中的任意一张，但是只要 Alice 打开她的信封并看到了方块 J，她就知道 Bob 的卡牌是方块 J。这没有超距作用，也没有任何诡异的事情发生。

对于贝尔的结果，我们需要在三个不同的方向上测量纠缠的量子比特。回到纠缠量子钟的比喻，我们将问三个问题之一，即指针是指向 12、4，还是 8。量子理论模型预测：对于每个问题，答案将是指针指向所问的方向或指向相反的方向。对于每个问题，两种回答的可能性都相同。但是当 Alice 和 Bob 提出完全相同的问题时，他们都会得到完全相同的回答。我们通过给出本质上和之前一样的答案来经典地解释它。

有一些局域过程使量子钟纠缠，我们并不准备准确地描述这是如何完成的，而只是使用隐变量——有某些更深层次的理论可以解释它。但是当量子钟纠缠时，三个问题的答案就确定了。这可以与我们的三副牌类比，每张牌都有不同颜色的背面。我们从蓝色背面、红色背面和绿色背面的牌组上各取一张牌。我们将这三张牌分别截成两半，然后将其中三半邮寄给 Alice，将另外三半邮寄给 Bob。如果 Alice 查看她的绿牌并看到方块 J，她就知道 Bob 的绿牌也是方块 J。

对于量子钟，经典理论认为，在我们提出问题之前每个确定的问题都有一个明确的答案。相反，量子理论认为，问题的答案直到我们提出问题时才确定。

5.5　贝尔不等式

想象一下，现在正在生成我们将发送给 Alice 和 Bob 的大量量子比特对，每一对量子比特都处于纠缠态 $\frac{1}{\sqrt{2}}|\uparrow\rangle|\uparrow\rangle+\frac{1}{\sqrt{2}}|\downarrow\rangle|\downarrow\rangle$。Alice 随机选择方向 0°、120° 或 240° 来测量她的量子比特。随机选择每个方向，选中的概率都是 $\frac{1}{3}$。Alice 并不记录她所选择的方向，但她会记录得到的结果 0 或 1。（记住，0 对应于第一个基向量，1 对应于第二个基向量。）在 Alice 测量她的量子比特之后不久，Bob 随机选择同样的三个方向之一，每个方向的概率都是 $\frac{1}{3}$，并测量他的量子比特。像 Alice 一样，他不记录方向，只记录他得

到的结果 0 或 1。

通过这种方式，Alice 和 Bob 都会生成一个 0 和 1 的长字符串，然后他们逐个比较他们的字符串。如果第一个符号相同，则写下 A。如果第一个符号不同，则写下 D。然后，他们比较第二个符号并写下 A 或 D，这取决于符号是否相同。他们以这种方式继续比较整个字符串。

通过这种方式，他们生成了一个 A 和 D 的新字符串。A 在字符串中所占的比例是多少呢？贝尔意识到量子力学模型和经典模型的答案并不相同。

5.6 量子力学的解释

这些量子比特处于纠缠自旋态 $\frac{1}{\sqrt{2}}|\uparrow\rangle|\uparrow\rangle+\frac{1}{\sqrt{2}}|\downarrow\rangle|\downarrow\rangle$。我们已经观察到，如果 Alice 和 Bob 都选择相同的测量方向，那么他们将得到相同的答案。问题是如果他们选择不同的基会发生什么。

我们将考虑 Alice 选择 $(|\searrow\rangle,|\nwarrow\rangle)$ 且 Bob 选择 $(|\swarrow\rangle,|\nearrow\rangle)$ 的情况。这个纠缠态是 $\frac{1}{\sqrt{2}}|\uparrow\rangle|\uparrow\rangle+\frac{1}{\sqrt{2}}|\downarrow\rangle|\downarrow\rangle$，在 Alice 的基下可以写成 $\frac{1}{\sqrt{2}}|\searrow\rangle|\searrow\rangle+\frac{1}{\sqrt{2}}|\nwarrow\rangle|\nwarrow\rangle$。当 Alice 测量时，这个状态会跃迁到 $|\searrow\rangle|\searrow\rangle$ 或 $|\nwarrow\rangle|\nwarrow\rangle$，它们的概率相等。如果它跃迁到 $|\searrow\rangle|\searrow\rangle$，她将写下 0。如果它跃迁到 $|\nwarrow\rangle|\nwarrow\rangle$，她将写下 1。

现在轮到 Bob 测量。假设在 Alice 测量之后两个量子比特处于状态 $|\searrow\rangle|\searrow\rangle$，那么 Bob 的量子比特处于状态 $|\searrow\rangle$。要计算 Bob 测量的结果，我们必须使用 Bob 的基改写它（详见 3.10 节）。

把这些状态向量用二维 ket 写出，即：

$$|\searrow\rangle=\begin{bmatrix}\frac{1}{2}\\ \frac{-\sqrt{3}}{2}\end{bmatrix}\quad |\swarrow\rangle=\begin{bmatrix}\frac{-1}{2}\\ \frac{-\sqrt{3}}{2}\end{bmatrix}\quad |\nearrow\rangle=\begin{bmatrix}\frac{\sqrt{3}}{2}\\ \frac{-1}{2}\end{bmatrix}$$

我们用由 Bob 基中的 bra 给出的行向量形成的矩阵乘以 $|\searrow\rangle$。

$$\begin{bmatrix}\frac{-1}{2} & \frac{-\sqrt{3}}{2}\\ \frac{\sqrt{3}}{2} & \frac{-1}{2}\end{bmatrix}\begin{bmatrix}\frac{1}{2}\\ \frac{-\sqrt{3}}{2}\end{bmatrix}=\begin{bmatrix}\frac{1}{2}\\ \frac{\sqrt{3}}{2}\end{bmatrix}$$

这告诉我们 $|\searrow\rangle=\frac{1}{2}|\swarrow\rangle+\frac{\sqrt{3}}{2}|\nearrow\rangle$。当 Bob 测量时，他将有 $\frac{1}{4}$ 的概率得到 0，有 $\frac{3}{4}$ 的概率得到 1。所以，当 Alice 得到 0 时，Bob 得到 0 的概率是 $\frac{1}{4}$。很容易推导另一种情况。如果 Alice 得到 1，那么 Bob 得到 1 的概率是 $\frac{1}{4}$。

其他情况都是类似的：如果 Bob 和 Alice 以不同的方向测量，他们获得相同结果的概率是 $\frac{1}{4}$，获得不同结果的概率是 $\frac{3}{4}$。

总结一下：他们每次有$\frac{1}{3}$的概率在同一个方向上测量并且测量结果都相同；有$\frac{2}{3}$的概率在不同的方向上测量并且只有$\frac{1}{4}$的概率测量结果相同。由此可以得出A和D的字符串中A所占比例是

$$\frac{1}{3}\times 1+\frac{2}{3}\times\frac{1}{4}=\frac{1}{2}$$

结论是：如果测量的次数足够多，量子力学模型给出的答案是A所占的比例应该是一半。

我们现在看一下经典模型。

5.7 经典的解释

经典力学的观点是，从一开始所有方向上的测量结果都是确定的。有三个方向，每个方向上的测量可以产生0或1。因此，有8种组态（000，001，010，011，100，101，110，111），每种组态中最左边的数字是在基$(|\uparrow\rangle,|\downarrow\rangle)$上的测量值，中间的数字是在基$(|\searrow\rangle,|\nwarrow\rangle)$上的测量值，最右边的数字是在$(|\swarrow\rangle,|\nearrow\rangle)$上的测量值。

纠缠只是意味着Alice的量子比特和Bob的量子比特的组态是相同的——如果Alice的量子比特拥有组态001，那么Bob的也是如此。我们现在必须弄清楚当Alice和Bob选择方向时会发生什么。例如，如果他们的电子拥有组态001且Alice使用基$(|\uparrow\rangle,|\downarrow\rangle)$测量，同时Bob使用第三个基测量，那么，Alice将会得

到测量值 0，且 Bob 得到测量值 1，他们的测量结果不相同。

下表列出了所有的可能性。左列是组态，顶行是 Alice 和 Bob 的测量基的可能组合。我们将使用字母来表示这些基。我们用 a 表示 $(|\uparrow\rangle,|\downarrow\rangle)$，用 b 表示 $(|\searrow\rangle,|\nwarrow\rangle)$，用 c 表示 $(|\swarrow\rangle,|\nearrow\rangle)$。首先列出 Alice 的基，再列 Bob 的基。例如，（b，c）表示 Alice 选择 $(|\searrow\rangle,|\nwarrow\rangle)$ 且 Bob 选择 $(|\swarrow\rangle,|\nearrow\rangle)$。表中的元素表示他们的测量值是否一致。

	测量方向								
组态	**(a,a)**	**(a,b)**	**(a,c)**	**(b,a)**	**(b,b)**	**(b,c)**	**(c,a)**	**(c,b)**	**(c,c)**
000	A	A	A	A	A	A	A	A	A
001	A	A	D	A	A	D	D	D	A
010	A	D	A	D	A	D	A	D	A
011	A	D	D	D	A	A	D	A	A
100	A	D	D	D	A	A	D	A	A
101	A	D	A	D	A	D	A	D	A
110	A	A	D	A	A	D	D	D	A
111	A	A	A	A	A	A	A	A	A

我们不知道应该分配给这些组态的概率。有 8 种可能的组态，所以看起来有可能它们出现的概率都是 $\frac{1}{8}$，但它们也可能并非全部相等，我们不会对这些概率值进行假设。但是，我们可以为测量方向分配确定的概率。Bob 和 Alice 都将以相同的概率选择三个基中的每一个，因此 9 种可能的基的组合中的每一种出现的概率都是 $\frac{1}{9}$。

注意，每行包含至少五个 A，这告诉我们给定一对任意组态的量子比特，获得 A 的概率至少为 $\frac{5}{9}$。由于每种自旋组态获得 A 的概率都至少为 $\frac{5}{9}$，因此我们可以推断，无论各种组态的比例如何，获得 A 的总体概率都必须至少为 $\frac{5}{9}$。

我们现在已经得出了贝尔的结果。量子理论模型告诉我们，Alice 和 Bob 的序列将有一半完全相同。经典模型告诉我们，Alice 和 Bob 的序列至少会有 $\frac{5}{9}$ 相同。这给了我们一个区分这两种理论的实验。

贝尔在 1964 年发表了他的不等式。令人遗憾的是，这是在爱因斯坦和玻尔去世之后，这意味着他们一生都没有意识到会有一种决定他们的争论的实验方法。

实际上这个实验是很棘手的。约翰 · 克罗泽（John Clauser）和斯图尔特 · 弗里德曼（Stuart Freedman）于 1972 年首次进行该实验，它表明量子力学模型的预测是正确的。然而，实验者必须做出一些无法检验的假设，这使得经典观点仍然可能是正确的。在那以后，该实验一直在不断精密化。它一直与量子力学模型一致，现在几乎都认为经典模型是错的。

最早的实验有三个潜在的问题。第一个是 Alice 和 Bob 彼此太靠近了。第二个是他们没有测量足够多的纠缠粒子。第三个是 Alice 和 Bob 对测量方向的选择并不是真的随机的。如果实验者彼此靠近，理论上测量可能会受到其他某些机制的影响。例如，只要进行第一次测量，光子就会传播导致影响第二次测量。为了确保不发生这种情况，测量者需要相隔足够远使得他们测量的时间间隔小于光子在它们之间传播所花费的时间。为了克服这个漏洞，科学家使用了纠缠光子。与纠缠电子不同，纠缠光子可以传播很远而不与外界相互作用。

不幸的是，这种不容易与外界相互作用的特性使得它们难以被测量。在涉及光子的实验中，许多纠缠光子逃脱了测量，因此理论上可能存在一些选择偏差——结果反映了非代表性样本的特性。为了克服选择偏差漏洞，改为使用电子。但是如果使用电子，在测量它们之前，如何将纠缠电子分开足够远呢？

这正是我们在上一章中提到的来自代尔夫特理工大学的团队研究的问题，他们使用被困在通过光子纠缠的钻石中的电子解决这个问题。他们的实验似乎同时关闭了这两个漏洞⊖。

随机性问题更加困难。如果哥本哈根解释是正确的，那么生成随机数字串很容易。然而，如果我们质疑这种与随机性有关的解释，则需要测试数字串并观察它们是否是随机的。有许多测试可以在数字中寻找潜在的规律。不幸的是，这些测试只能证明数字串不是随机的。如果数字串未通过测试，那么我们知道该数字串不是随机的。通过测试是一个好兆头，但并不能证明数字串是随机的。我们可以说，只有量子力学生成的数字串才能通过随机性测试。

我们可以通过选择聪明的方法来确保 Alice 选择测量的方向与

⊖ B. Hensen 等人的文章“使用相隔 1.3 公里的电子自旋的无漏洞贝尔不等式”于 2015 年在 *Nature* 上发表。

Bob 的方向无关。但同样，我们不可能排除一些由隐变量理论确定的但被我们认为是与随机结果不相关的因素。

大多数人认为爱因斯坦被证明是错误的，但他的理论是有意义的。特别是贝尔，他认为：在看到实验结果之前，经典理论在这两种理论中表现得更好。他说："这太合理了，所以我认为当爱因斯坦看到这一点，而其他人却无视它时，他是理性的人。虽然历史证明其他人是对的，但他们却没有认真理解爱因斯坦的观点……所以对我来说爱因斯坦的想法行不通非常可惜。如此合理的想法却行不通。"[⊖]

我完全同意贝尔的观点。当第一次遇到这些想法时，在我看来，爱因斯坦的观点是很自然的。我很惊讶玻尔确信这是错的。贝尔的结果通常称为贝尔定理，使贝尔被提名诺贝尔物理学奖。许多人认为，如果他没有在相对年轻的 61 岁时因中风而去世，他就会得到诺贝尔物理学奖。有趣的是，贝尔法斯特有一条以贝尔定理命名的街道——这可能是唯一以"定理"命名的街道，你可以在谷歌地图中键入"定理"并获得其位置。

我们必须放弃对定域实在性的标准假设。当粒子纠缠但可能相隔很远时，我们不应将自旋视为与每个粒子分别相关的定域性；它是一个全局属性，必须考虑成对粒子。

在讨论量子力学之前，我们还应该看一下该理论的另一个不同寻常的方面。

⊖ J. Bernstein, *Quantum Profiles* (Princeton: Princeton University Press, 1991), 84.

5.8 测量

在对量子力学的描述中，我们将状态向量描述为在进行测量时跃迁到基向量。在我们进行测量之前，一切都是确定性的，测量后它会跃迁到其中一个基向量。跃迁到每个基向量的概率是确切知道的，但它们仍然是概率。当我们测量时，理论会从确定性的变为概率性的。

在一般的量子力学理论中，在进行测量时，薛定谔波动方程会坍缩。以其名字命名该方程的欧文·薛定谔对这种波坍塌成状态是概率性的观点感到非常不安。

一个重要问题是我们所说的测量并未定义。它不是量子力学的一部分。测量会导致跃迁，但测量结果是什么意思？有时使用*观测*（observation）这个词而不是*测量*（measurement），这导致一些人会认为意识引起跃迁，但这似乎不太可能。标准的解释是测量涉及与宏观设备的相互作用。测量装置是足够大的，所以可以使用经典物理学进行描述，而不必纳入量子理论分析——每当进行测量时，我们必须与被测物体进行物理交互，这种相互作用导致跃迁。但这种解释并不完全令人满意。这似乎是一个似是而非的表述，缺乏数学精确性。

现在已经提出了各种量子力学的解释，每种解释都试图消除在哥本哈根解释中似乎有问题的地方。

*多世界解释*解决了测量问题，它表明状态向量仅仅显示了它跃迁到其中一个基向量的可能性，但实际上存在不同的宇宙，并且每种可能性都会实际出现在其中一个宇宙中。这个宇宙中的你只会看

到一个结果，但在其他宇宙中还有其他的你可以看到其他结果。

Bohmian 力学解决了概率的引入。它是一种确定性理论，其中粒子的行为类似于经典粒子，但同时有一个新的实体称为导波，它给出了非定域性。

每一种理论都有许多信徒。例如，我们稍后会看到大卫·杜齐（David Deutsch）相信多世界的观点。但目前还没有科学实验表明其中的一个理论比另一些更可取，不像被贝尔不等式实验证明是错误的定域隐变量理论。所有的这些解释都与我们的数学理论一致。每种解释都是试图解释数学理论如何与现实联系的一种方式。也许，在某些时候，会有像贝尔这样富有洞察力的天才能够证明可以通过实验区分不同解释导致的不同结论，然后实验会给我们一些理由来选择一种解释而不是另一种。但在这一点上，大多数物理学家都赞同哥本哈根解释。没有令人信服的理由不去使用这种解释，所以我们将在没有进一步争议的情况下使用它。

这一章的最后一个主题表明贝尔定理不仅仅是学术兴趣，它实际上可以用于提供一种共享加密密钥的安全方式。

5.9 量子密钥分发的 Ekert 协议

1991 年，阿图尔·埃克特（Artur Ekert）提出了一种基于贝尔实验中用到的纠缠的量子比特的方法，但有许多细微的不同。我们将展示使用我们对贝尔的结果的演示版本。

Alice 和 Bob 接收到量子比特流。对于每一对量子比特，Alice 接收到一个，Bob 接收到另一个。它们的自旋态是纠缠的，

总是处于状态 $\frac{1}{\sqrt{2}}|\uparrow\rangle|\uparrow\rangle+\frac{1}{\sqrt{2}}|\downarrow\rangle|\downarrow\rangle$。

如果 Alice 和 Bob 使用相同的标准正交基测量各自的量子比特，那么我们会看到他们将以相等的概率得到 0 或 1，但他们都将得到完全相同的结果。

我们可以设想一个协议：Alice 和 Bob 决定每次都用标准基测量他们的量子比特。结束时他们将得到完全相同的比特串，并且这个比特串是 0 和 1 的随机序列，这似乎是选择和传递密钥的好办法。当然，问题在于它并非每一位都安全。如果 Eve 正在拦截 Bob 的量子比特，她可以在标准基上测量它们，然后将得到的非纠缠量子比特发送给 Bob。结果是 Alice、Bob 和 Eve 都得到相同的比特串。

解决方案是使用从三个基中随机选择的一个基来测量量子比特——正如贝尔实验所做的那样。与 BB84 协议一样，对于每次测量，Alice 和 Bob 都会记下他们选择的基和测量结果。在进行 $3n$ 次测量后，会比较他们所选基的序列。这可以在不安全的信道上完成——他们只是暴露了基，而不是结果。他们将有大约 n 个基相同。在每个两人都选择了相同的基的地方，他们进行了相同的测量。结果要么都是 0，要么都是 1。这给了他们一个长为 n 的 0 和 1 的字符串。如果 Eve 没有窃听，那这将是他们的密钥。

现在针对 Eve 测试。如果 Eve 正在窃听，她将不得不进行测量。每当她这样做时，纠缠态就会变得不纠缠了。Alice 和 Bob 观察他们选择不同基时的 0 和 1 的字符串。这会有两个 0 和 1 的字符串，长度约为 $2n$。根据贝尔不等式的计算，他们知道如果他们的状态是纠缠的，那么在每个地方他们只有 $\frac{1}{4}$ 的概率相同。但是，如果 Eve 测量了其中一个量子比特，它们相同的比例会发生变化。例如，如果 Eve 在 Alice 和 Bob 测量之前测量了量子比特，则很容易通过直接计算所有可能性得到 Alice 和 Bob 相同的比例将增加到 $\frac{3}{8}$。这给了他们一个对 Eve 存在性的测试。如果计算结果相同的比例是 $\frac{1}{4}$，则可以断定没有人在干涉并可以使用密钥。

Ekert 协议具有在协议过程中生成密钥的有用特性。它不需要预先生成和存储数字，从而消除了加密的主要安全威胁之一。该协议已在实验室中使用纠缠光子成功实现。

对量子概念的介绍已经结束了，下一个要介绍的主题是经典计算。这是下一章的主题。

第6章

经典逻辑、门和电路

在这一章中，我们简要地学习经典计算，并按照时间顺序粗略地展示前人的观点。我们从19世纪末乔治·布尔（George Boole）首先提出的函数和逻辑开始说起。在20世纪30年代，克劳德·香农（Claude Shannon）研究了布尔代数并发现我们能用电开关来描述布尔函数，这种对应布尔函数的电子元件称为逻辑门。构造布尔函数变成关于门电路的研究。我们将从逻辑开始学习布尔函数；之后将会展示如何用门和电路表示任何东西。到这里为止的内容都被认为是标准的，任何计算机科学导论教材都有这些内容。但在这之后，我们会看到一些通常不包括在标准教材中的概念。

20世纪70年代，诺贝尔奖得主、物理学家理查德·费曼（Richard Feynman）对计算产生了兴趣。20世纪80年代初，他在加州理工学院开设了一门关于计算的课程。该课程的讲稿最终整理成 ***Feynman Lectures on Computation***。费曼对计算的兴趣部分源于他与爱德华·费雷德金（Edward Fredkin）的交流以及

Fredkin 对物理和计算独特的见解。Fredkin 相信宇宙是一台计算机，既然物理定律是可逆的，我们应该去研究可逆计算和可逆门。尽管 Fredkin 的综述性论文没有被物理学界广泛接受，但人们承认他拥有一些杰出和非经典的想法，其中之一就是台球计算机。费曼的书中包含了对可逆门的讨论，并展示了如何使用台球相互撞击来完成任何计算。

我们采用费曼的方法。事实证明，可逆门正是量子计算所需要的。台球计算机使费曼想到的是粒子之间的相互作用而不是球。这是他量子计算工作的灵感来源，但我们在这里提到它主要是因为它的简单性和独创性。

6.1 逻辑

19 世纪末，乔治·布尔发现部分逻辑可以视作代数的——有些逻辑定律可以用代数来表示。我们采用现在介绍布尔逻辑的标准方法，对三种基本运算（非、与和或）使用真值表。

1. 逻辑非

如果一个命题为真，那么它的否定（非）为假；与之相对，如果一个命题为假，那么它的否定（非）为真。例如，命题 2+2=4 为真，那么它的否定 $2+2 \neq 4$ 为假。我们通常使用符号 P、Q 和 R 来表示命题，而不是给出具体的例子。因此，如 2+2=4 可表示为 P。符号 $\neg$ 表示非（not）；如果 P 表示命题 2+2=4，那么 $\neg P$ 就表示 $2+2 \neq 4$。我们可以用符号总结否定的基本性质：如果 P 是真，那么 $\neg P$ 是假；如果 P 是假，那么 $\neg P$ 是真。

为了使表述更加简洁，可以使用符号 T 和 F 分别表示真和假。接着，可以用下表来定义属性。

P	$\neg P$
T	F
F	T

2. 逻辑与

与（and）的符号是 $\wedge$。如果有两个命题 P 和 Q，可以把它们结合成 $P \wedge Q$。命题 $P \wedge Q$ 为真当且仅当命题 P 和 Q 均为真。我们使用下表定义与，其中前两列给出了 P 和 Q 可能的真值，第三列给出了对应的 $P \wedge Q$ 的真值。

P	Q	$P \wedge Q$
T	T	T
T	F	F
F	T	F
F	F	F

3. 逻辑或

或（or）的符号是 $\vee$，它的定义见下表。

P	Q	$P \vee Q$
T	T	T
T	F	T
F	T	T
F	F	F

注意，当 P 和 Q 都为真时，$P \vee Q$ 为真，所以当 P 和 Q 其中之一为真或者两者都为真时，$P \vee Q$ 为真。这是数学中用到的“或”，它有时也被称为兼或（inclusive or），与之相对，当 P 和 Q 其中之

一为真但并不都为真时，异或被定义为真。当 P 和 Q 都为假或者都为真时，异或被定义为假。异或的符号是⊕，它的真值表如下。

P	Q	$P \oplus Q$
T	T	F
T	F	T
F	T	T
F	F	F

（在后文中，我们将看到为什么异或的符号类似于加法记号——它对应模 2 加法。）

6.2 布尔代数

我们从如何构造任何二进制表示的真值表开始说起。更具体地，我们将构建 $\neg(\neg P \wedge \neg Q)$ 的真值表。真值表的构建将在几步内完成。第一步，我们做出 P 和 Q 的可能值的表。

P	Q
T	T
T	F
F	T
F	F

第二步，我们将添加 $\neg P$ 和 $\neg Q$ 列，写下每种情况的真值。

P	Q	$\neg P$	$\neg Q$
T	T	F	F
T	F	F	T
F	T	T	F
F	F	T	T

第三步，添上 $\neg P \wedge \neg Q$ 列，仅当 $\neg P$ 和 $\neg Q$ 同时为真时 $\neg P \wedge \neg Q$ 为真。

P	Q	$\neg P$	$\neg Q$	$\neg P \wedge \neg Q$
T	T	F	F	F
T	F	F	T	F
F	T	T	F	F
F	F	T	T	T

最后，我们得到了 $\neg(\neg P \wedge \neg Q)$ 列，当且仅当 $\neg P \wedge \neg Q$ 为假时该命题为真。

P	Q	$\neg P$	$\neg Q$	$\neg P \wedge \neg Q$	$\neg(\neg P \wedge \neg Q)$
T	T	F	F	F	T
T	F	F	T	F	T
F	T	T	F	F	T
F	F	T	T	T	F

省略与中间步骤对应的列，得到下表。

P	Q	$\neg(\neg P \wedge \neg Q)$
T	T	T
T	F	T
F	T	T
F	F	F

逻辑等价

注意，$\neg(\neg P \wedge \neg Q)$ 表中的真值与 $P \vee Q$ 表中的真值是一样的，它们在每种情况下都有完全一样的真值。因此，我们可以说命题 $P \vee Q$ 与命题 $\neg(\neg P \wedge \neg Q)$ 逻辑等价，记为：

$$P \vee Q \equiv \neg(\neg P \wedge \neg Q)$$

这意味着我们不再需要使用“或”。任何“或”出现的情况都可以用包含 $\neg$ 和 $\wedge$ 的表达式来替代。

那么，我们记为⊕的异或呢？它能被一个只含 $\neg$ 和 $\wedge$ 的表达式来替代吗？答案是肯定的，我们现在将展示如何做到这点。

考虑⊕的真值表：

P	Q	$P \oplus Q$
T	T	F
T	F	T
F	T	T
F	F	F

观察第三列中为真的条目。这种条目第一次出现在 P 值为 T 且 Q 值为 F 时。一个仅当 P 和 Q 取上述真值时才为真的表达式是 $P\wedge\neg Q$。

第三列中下一个值为真的条目出现在当 P 值为 F 且 Q 值为 T 时。一个仅当 P 和 Q 取上述真值时才为真的表达式是 $\neg P\wedge Q$。

这是第三列中仅有的为真的条目。为了得到一个等价于异或的表达式，现在把到目前为止我们生成的所有表达式用 $\vee$ 连接，于是有

$$P \oplus Q \equiv (P\wedge\neg Q)\vee(\neg P\wedge Q)$$

已知

$$P\vee Q \equiv \neg(\neg P\wedge\neg Q)$$

使用上述等价表示替代 $\vee$，得到

$$P \oplus Q \equiv \neg(\neg(P\wedge\neg Q)\wedge(\neg(\neg P\wedge Q)))$$

再一次，这意味着我们不需要使用⊕。对于所有⊕出现的情况，都可以使用含 ¬ 和 ∧ 的表达式来替代。这个用 ¬ 和 ∧ 来替代⊕的方法是普遍有效的。

6.3　功能的完备性

可以把我们介绍过的逻辑运算视作函数。例如，∧ 是有两个输入（P 和 Q）并有一个输出的函数；¬ 是有一个输入和一个输出的函数。

我们可以创造函数，它有一系列取值为 T 或 F 的输入，对于每组输入返回一个为 T 或 F 的值；这样的函数称为**布尔函数**。更具体地，我们将创造一个函数，它有三个输入（P、Q 和 R），称为 $f(P,Q,R)$。为了定义函数，我们需要填满下表的第三列。

P	Q	R	$f(P,Q,R)$
T	T	T	
T	T	F	
T	F	T	
T	F	F	
F	T	T	
F	T	F	
F	F	T	
F	F	F	

需要填充 8 个值。对每个值，我们有两种选择，总计 2^8 种函数。我们会展示不管如何选择函数，都能找到仅用函数 ¬ 和 ∧ 的等价表示。

我们可以使用先前构造 $P \oplus Q \equiv \neg(\neg(P \wedge \neg Q) \wedge (\neg(\neg P \wedge Q)))$ 的方法。

我们从找最后一列中的 T 值开始。为了简化理解，将使用下表给出的特定函数，但我们使用的方法适用于任何布尔函数。

P	Q	R	$f(P,Q,R)$
T	T	T	F
T	T	F	F
T	F	T	T
T	F	F	F
F	T	T	F
F	T	F	T
F	F	T	F
F	F	F	T

第一个 T 出现在 P 和 R 值为 T 且 Q 值为 F 时，一个只在这种真值集合下返回 T 值的函数是 $P \wedge \neg Q \wedge R$；下一个 T 出现在 P 和 R 值为 F 且 Q 值为 T 时，一个只在这种真值集合下返回 T 值的函数是 $\neg P \wedge Q \wedge \neg R$；最后一个 T 出现在 P、Q、R 值均为 F 时，一个只在这种真值集合下返回 T 值的函数是 $\neg P \wedge \neg Q \wedge \neg R$。

一个仅在这些情况下取值为 T 的表达式是

$$(P \wedge \neg Q \wedge R) \vee (\neg P \wedge Q \wedge \neg R) \vee (\neg P \wedge \neg Q \wedge \neg R)$$

所以

$$f(P,Q,R) \equiv (P \wedge \neg Q \wedge R) \vee (\neg P \wedge Q \wedge \neg R) \vee (\neg P \wedge \neg Q \wedge \neg R)$$

最后一步是用等价表示 $P \vee Q \equiv \neg(\neg P \wedge \neg Q)$ 来替代 $\vee$。

替代第一个 $\vee$ 后，得到

$$f(P,Q,R) \equiv \neg(\neg(P\wedge\neg Q\wedge R)\wedge\neg(\neg P\wedge Q\wedge\neg R))\vee(\neg P\wedge\neg Q\wedge\neg R)$$

替代第二个 $\vee$ 后，$f(P,Q,R)$ 逻辑等价于

$$\neg(\neg[\neg(\neg(P\wedge\neg Q\wedge R)\wedge\neg(\neg P\wedge Q\wedge\neg R))]\wedge\neg[\neg P\wedge\neg Q\wedge\neg R])$$

这种方法在通常情况下总是行得通的。如果 f 是通过真值表定义的一个函数，那么 f 逻辑等价于一些只包含了函数 $\neg$ 和 $\wedge$ 的表达式。因为可以仅使用这两个函数生成任意布尔函数，所以我们称 $\{\neg,\wedge\}$ 是一个功能完备的布尔运算集。

可以仅使用 $\neg$ 和 $\wedge$ 生成真值表定义的任何函数，这似乎令人惊讶。更令人难以置信的是，我们可以做得更好。有一个名为与非（Nand）的二进制运算，任何布尔函数都逻辑等价于某些只使用"与非"运算的表达式。

逻辑与非

与非（Nand）是与（and）和非（not）的组合词，它的符号是 $\uparrow$。我们定义它为

$$P\uparrow Q=\neg(P\wedge Q)$$

或者用下列真值表对它进行定义：

P	Q	$P\uparrow Q$
T	T	F
T	F	T
F	T	T
F	F	T

已知 $\{\neg,\wedge\}$ 是功能完备的运算集，为了证明"与非"是功能完备的——任意布尔运算都可以被一个只使用"与非"的等价函数替代，我们只需要证明"与"和"非"都有只使用"与非"的等价

表达式。

考虑下列真值表，它先写出了命题 P 的真值情况，再写出了 $P \wedge P$ 的真值情况，最后写出了 $\neg(P \wedge P)$ 的真值情况：

P	$P \wedge P$	$\neg(P \wedge P)$
T	T	F
F	F	T

注意，最后一列与 $\neg P$ 有相同的真值，这告诉我们 $\neg(P \wedge P) \equiv \neg P$，但 $\neg(P \wedge P)$ 就是 $P \uparrow P$，所以

$$P \uparrow P \equiv \neg P$$

这告诉我们，所有的“非”运算都可以被“与非”运算所替代。我们现在把注意力放到“与”运算上。

我们发现

$$P \wedge Q \equiv \neg\neg(P \wedge Q)$$

又有

$$\neg(P \wedge Q) \equiv P \uparrow Q$$

所以我们得到了

$$P \wedge Q \equiv \neg(P \uparrow Q)$$

现在可以使用前面得到的恒等式来替换“非”运算，得到

$$P \wedge Q \equiv (P \uparrow Q) \uparrow (P \uparrow Q)$$

1913 年，亨利 · M. 谢费尔（Henry M. Sheffer）首次发表文章来阐述“与非”运算自身具有功能完备性这一事实。19 世纪末，查尔斯 · 桑德斯 · 皮尔士（Charles Sanders Peirce）也知道

了这一事实，但就像他的很多原创作品一样，这一发现直到很久以后才发表。（Sheffer使用符号 | 来表示Nand，许多作者都采用了Sheffer的符号而不是↑，这也被称作谢费尔竖线（Sheffer stroke）。）

布尔变量总是从两种值中取一种，我们常用T和F来表示这两种值，但也可以采用任意的两个符号。尤其是，可以使用0和1，使用0和1来替代T和F的好处是可以把布尔函数视作对比特的运算，这是接下来我们要做的。

有两种替换方法，惯例是用0替换F，用1替换T，这也是我们将要使用的。需要注意的是，我们通常将T写在F之前，但会将0写在1之前。因此，按照0和1编写的真值表要改写成按T和F编写的形式，需将行的顺序反转。这不会造成任何混淆，只是以不同方式决定了每种状态在表中的位置，下面是$P \vee Q$的两种真值表：

P	Q	$P \vee Q$
T	T	T
T	F	T
F	T	T
F	F	F

P	Q	$P \vee Q$
0	0	0
0	1	1
1	0	1
1	1	1

6.4　门

许多人意识到如果逻辑可以用代数来表示，那么可以设计机器来执行逻辑计算。在这方面，迄今为止最有影响力的学者是克劳德·香农（Claude Shannon），他证明了所有布尔代数都可以用电开关来执行。这是所有现代计算机电路设计的基本思想之一。值得一提的是，这些工作是他还在MIT读硕士时完成的。

在一些独立的时间间隙内，我们或者收到了电脉冲，或者没收到。如果我们在一个时间间隙中收到了电脉冲，那么我们认为这代表真值T或者比特值1。如果我们在一个时间间隙中没收到电脉冲，那么我们认为这代表真值F或者比特值0。

与二元运算符对应的开关组合称为门。常见的门有与之关联的特殊图表。接下来，我们会看到其中的一部分。

1. 非门

图6.1展示了非门的符号。非门左边的导线为其输入电信号，右边的导线输出非门转换后的电信号。如果输入1，我们得到输出0。如果输入0，我们得到输出1。

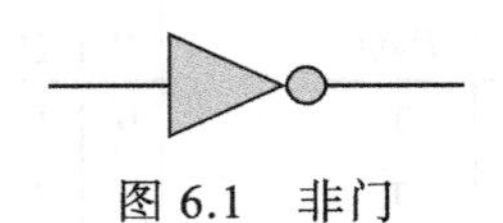

图6.1　非门

2. 与门

图6.2展示了与门的符号。同样，电信号从左至右传输。它有两个可以为0或1的输入和1个输出。图6.3展示了这四种情况。

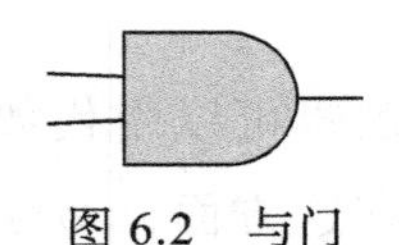

图6.2　与门

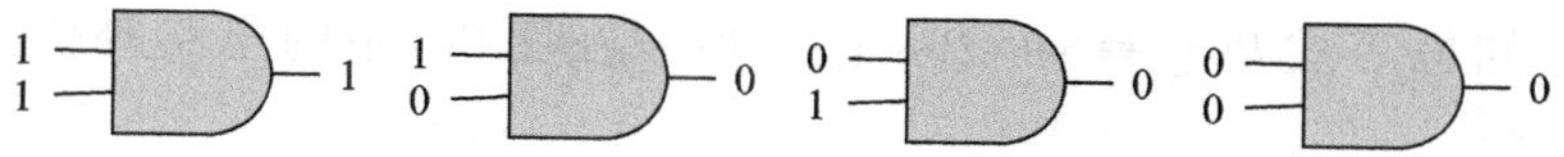

图 6.3　与门输入的四种可能情况

3. 或门

图 6.4 展示了或门的符号以及四种情况下的输入和输出。

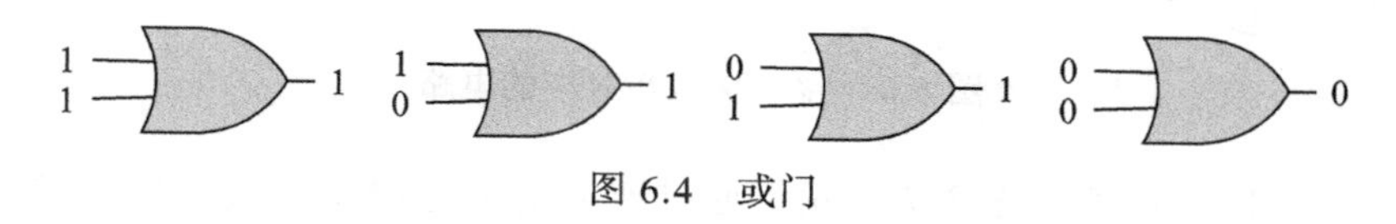

图 6.4　或门

4. 与非门

图 6.5 展示了与非门的符号以及四种情况下的输入和输出。

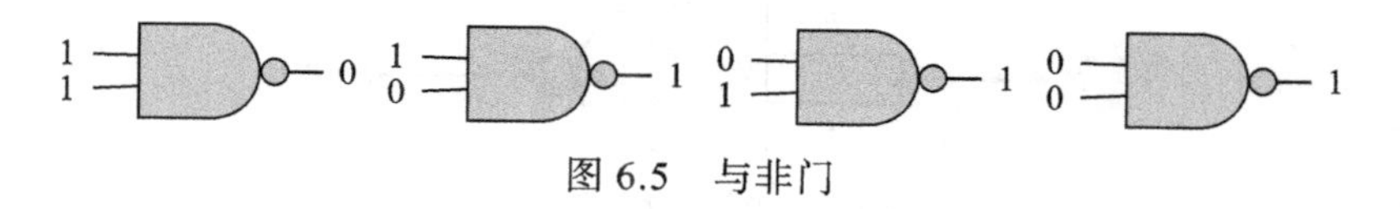

图 6.5　与非门

6.5　电路

我们可以将门连接到一起来组成电路。尽管在英文中电路（circuit）和循环（circular）十分相似，但电路中是不存在循环的，它们是线性的，电信号从左到右传输。我们在导线的左侧输入电信号，并在右侧读取导线的输出。我们将看到与之前提到过的布尔函数相对应的示例。

我们从布尔表达式 $\neg(\neg P\wedge\neg Q)$ 开始，可以使用门给出相应的电路，如图 6.6 所示，其中进出门的导线已用合适的表达式标记。

已知恒等式 $P \vee Q \equiv \neg(\neg P \wedge \neg Q)$，所以在图 6.6 中的电路等价于或门。

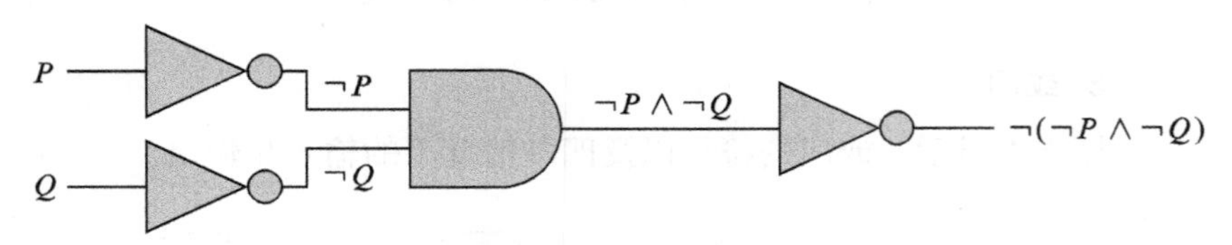

图 6.6　$\neg(\neg P \wedge \neg Q)$ 对应的电路

下一个例子是 $P \uparrow P$。我们通过连接附加导线将输入信号分成两部分，实现了在与非门的两个输入端输入相同的 P 值。这种将一个信号分成多个拷贝的过程称为**扇出**。该电路如图 6.7 所示。

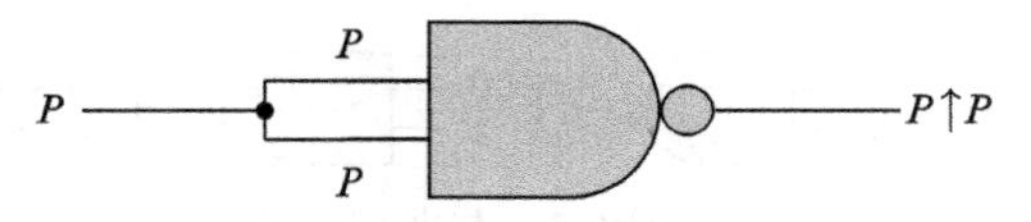

图 6.7　$P \uparrow P$ 对应的电路

我们知道 $P \uparrow P \equiv \neg P$，所以图 6.7 中的电路等价于非门。

最后的例子是二元表达式 $(P \uparrow Q) \uparrow (P \uparrow Q)$。为了得到 $P \uparrow Q$ 的两份拷贝，我们又需要用到扇出操作。该电路如图 6.8 所示。

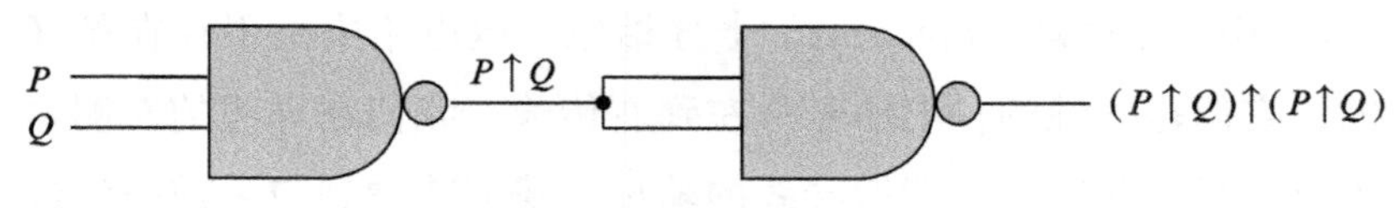

图 6.8　$(P \uparrow Q) \uparrow (P \uparrow Q)$ 对应的电路

我们知道 $P \wedge Q \equiv (P \uparrow Q) \uparrow (P \uparrow Q)$，所以图 6.8 中的电路等价于与门。

6.6　与非门是一个通用门

早先我们知道了布尔函数与非（Nand）是功能完备的。本节使用门再次证明这个观点。

我们先证明可以使用恒等式 $P \vee Q \equiv \neg(\neg P \wedge \neg Q)$ 来替换任何时候出现的或运算，这条恒等式对应的电路如图 6.6 所示，这表明了我们不再需要使用或门。

我们继续证明任何布尔函数都可以使用或和与运算的组合生成。因此，我们可以使用或门和与门来构造任何计算任何布尔函数的电路。

然后，我们展示了或和与运算都可以由与非运算生成，这证明了与非运算是功能完备的。对于与非门，类似的表述是正确的。我们可以使用只包含与非门的电路来实现任何布尔函数。我们不再使用“功能完备”，而是使用“通用”来作为描述门的术语，所以与非门是一种通用门。让我们来看这方面更多的细节。

图 6.7 和图 6.8 中的电路显示了如何使用与非门来替代非门和与门。需要注意的是，我们必须使用扇出操作，该操作输入一比特信息，输出两个与输入相同的比特。显然，我们可以在经典电路中实现扇出——只需将一根导线连接到另一根。但稍后我们会看到不能在量子比特中实现这种操作。

6.7　门与计算

门是现代计算机的基本组成部分。除了执行逻辑操作之外，我们还可以使用门来计算。我们不会展示如何做到这一点。(有兴趣的读者可以看看 Charles Petzold 撰写的 *Code* 一书，他在书中从开关开始谈起，向读者讲解了如何构建一台计算机。）但我们将举例说明加法的基础思想。

对于**异或**，即⊕，它的定义是：

$$0 \oplus 0=0,\ 0 \oplus 1=1,\ 1 \oplus 0=1,\ 1 \oplus 1=0$$

这可以类比为将奇数和偶数相加。我们知道：

偶数 + 偶数 = 偶数，偶数 + 奇数 = 奇数，

奇数 + 偶数 = 奇数，奇数 + 奇数 = 偶数。

这种关于奇偶性的加法通常被称为模 2 加法。如果我们让 0 代表“偶数”而 1 代表“奇数”，模 2 加法就将由⊕给出。这也是异或符号包含了加号的原因。（把⊕视作模 2 加法而不是异或，通常能使计算更加简单）。

异或（XOR）门如图 6.9 所示。

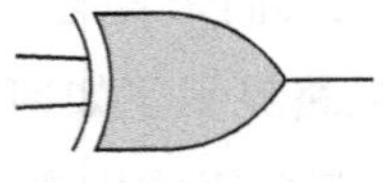

图 6.9　异或门

我们将使用该门来构造**半加器**——这是一种将两个二进制位相加的电路。为了理解发生了什么，我们将它与十进制半加器进行比较。如果输入的两个数字总和小于 10，那么我们只需要将它们相加。例如，2+4=6，3+5=8。

如果数字和超过 10，虽然，我们写下了合适的数字，但必须记住有一个由进位产生的 1 要用于下一步计算。例如，7+5=2，并产生了一个 1 的进位。

二进制半加器执行类似的计算，我们可以使用异或门和与门来构造它，异或门计算数字部分，与门计算进位。

0+0=0，进位 =0

0+1=1，进位 =0

1+0=1，进位 =0

1+1=0，进位 =1

执行此操作的电路如图 6.10 所示。（在此图中，带有圆点的导线交点表示扇出操作，没有圆点的导线交点表示导线交叉但不连接。）

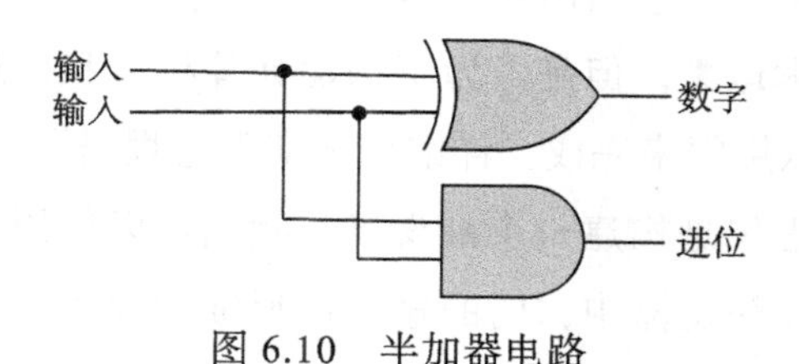

图 6.10　半加器电路

这种电路被称为半加器而不是加法器的原因在于它没有考虑到我们可能从上一步得到了一个进位。我们来看一个标准的十进制数相加的例子。假设要将如下四位数字相加，其中星号代表未知数字。

$$
\begin{array}{r}
**6* \\
+\ **5* \\
\hline
\end{array}
$$

将 6 和 5 相加，我们可能会得到数字 1 和进位 1，但是我们可能从第一步计算中得到了 1 的进位，在这种情况下，我们将会得到数字 2 和进位 1。一个完整的加法器考虑了从前一步计算中得到进位的可能性。

我们不会绘制完整的二进制加法的电路，但的确可以实现它。由于所有的门都可以用与非门代替，我们可以仅使用与非门和扇出构建一个加法器。实际上，我们可以仅使用这两个组件构建一台完整的计算机。

6.8 存储

我们已经展示了如何在逻辑操作中使用门并指出了如何使用门来进行算术运算，但是，为了构建计算机，我们还需要存储数据。这也可以用门来完成。详细描述实现过程需要占用大量篇幅，但它的核心思想是构建一个**触发器**。我们可以使用反馈在门外构建触发器。在触发器中，门的输出被反馈到输入。一个使用两个与非门构建的触发器示例如图 6.11 所示。我们不会描述这是如何实现的，但需要提到的是，一旦我们开始使用反馈，准确地确定输入和输出的时间就变得很重要了。我们以恒定的时间间隔发送电脉冲，这就是电路中时序的来源。

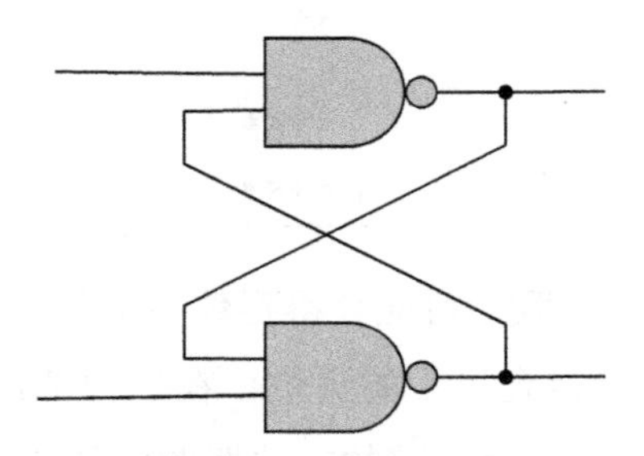

图 6.11　使用两个与非门构成的触发器

6.9 可逆计算

现在，我们已经了解了如何从经典门构建计算机，我们开始研究可逆门。

门可以看作布尔函数。例如，与门接收两个布尔输入并给出一个布尔输出。通常，最简单的表示门输入和输出情况的方法是使用表格。(这个表与我们之前提过的真值表完全相同。)

与门

输入		输出
0	0	0
0	1	0
1	0	0
1	1	1

我们也可以使用表格来表示半加器，表中会有两个输入和两个输出。

半加器

输入		输出	
		数字	进位
0	0	0	0
0	1	1	0
1	0	1	0
1	1	0	1

在本节中，我们将介绍可逆门，这种门对应于可逆函数。给定一组输出，我们可以确定输入是什么吗？如果在每种情况下，我们都能确定相应的输入，那么这种函数是可逆的——这种门是可逆的。

对于与门如果我们得到输出 1，那么我们知道输入值都是 1，但是，如果我们得到输出 0，那么有三对能得到该输出的输入。如果没有得到额外的信息，我们无从得知实际输入是三种可能输入中的哪一种。因此，与门不是可逆门。半加器也不是可逆的，有两对输入给出数字 1 和进位 0。在这两种情况下，我们有两位输入，但没有得到两位输出，我们丢失了一些计算信息。

对可逆门和可逆计算的研究从计算的热力学开始。香农定义了信息熵，熵也在热力学中被定义。实际上，香农正是从热力学中得到的启发。这两种熵之间有多密切的联系？一些计算理论可以用热力学术语来表达吗？特别是有人能指出执行计算所需要的最小能量吗？约翰·冯·诺依曼（John von Neumann）推测，当信息丢失时，能量被消耗——它以热量形式消散。罗夫·兰道尔（Rolf Landauer）证明了这个猜想，并给出了删除一比特信息的最低限度的能量值。这个能量值被称为 Landauer 限制。

如果计算是可逆的，则没有信息丢失，并且理论上可以在不丢失能量的情况下执行。

我们将看看三种可逆门：受控非（CNOT）门、Toffoli 门和 Fredkin 门。

1. 受控非门

受控非门（即 CNOT 门）接收两个输入并给出两个输出。第一个输入称为控制位。如果为 0，则对第二位没有影响。如果为 1，则它表现得像作用于第二位上的非门。控制位是第一个输入位，用 x 表示，该位不会被修改并成为第一个输出位。如果控制位为 0，则第二个输出位等于第二个输入位；如果控制位为 1，则第二个输入位被取反后成为第二个输出位。该门的作用可以用函数 $f(x,y)=(x,x \oplus y)$ 表示，等价地，它也可以用下表表示。

受控非门

输入		输出	
x	y	x	$x \oplus y$
0	0	0	0
0	1	0	1
1	0	1	1
1	1	1	0

我们会发现该操作是可逆的。对于任何一对输出值，只有一对输入值对应于它。

我们可以使用扇出和异或门构建一个执行此操作的电路，如图 6.12 所示。

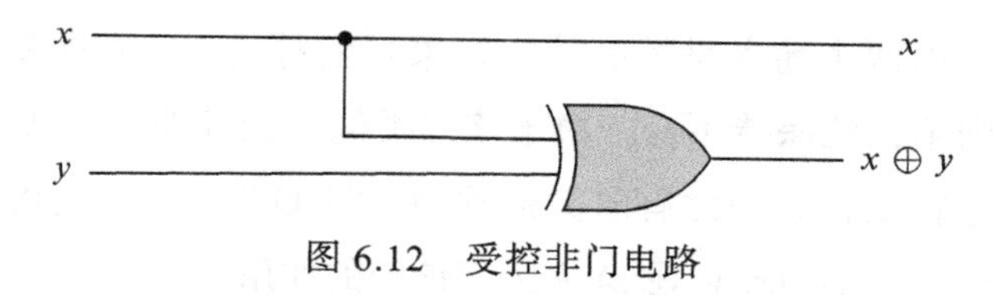

图 6.12　受控非门电路

然而，这不是最常用的图例，常用的图例是如图 6.13 所示的简化版本。

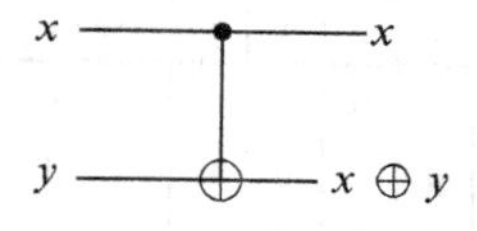

图 6.13　受控非门的常用表示

受控非门不仅是可逆的，而且它具有很好的特性——它就是它自己的逆。这意味着如果你将两个受控非门串联，并把第一个门的输出作为第二个门的输入，则第二个门的输出与第一个门的输入相同。第二个门抵消了第一个门的作用。为了理解这一点，我们之前使用了下式来表示受控非门：

$$f(x,y)=(x,x \oplus y)$$

把这个输出作为另一个受控非门的输入，得到了

$$f(x,x \oplus y)=(x,x \oplus x \oplus y)=(x,y)$$

这里我们运用了 $x \oplus x=0$ 和 $0 \oplus y=0$ 这两个事实。

我们从输入 (x,y) 开始，经过受控非门两次后，得到了输出 (x,y)，再一次得到了初始值。

2. Toffoli 门

Toffoli 门是由 Tommaso Toffoli 发明的，有三个输入和三个输出。前两个输入是控制位，如果它们都是 1，则将第三位取反，否则第三位保持不变。由于该门类似于受控非（CNOT）门，但有两个控制位，因此有时又被称为 CCNOT 门。我们可以用函数 $T(x,y,z)=(x,y,(x \wedge y) \oplus z)$ 来表示该门的作用。

我们也可以用表格来描述该门的作用。

Toffoli 门

输入			输出		
x	y	z	x	y	$(x \wedge y) \oplus z$
0	0	0	0	0	0
0	0	1	0	0	1
0	1	0	0	1	0
0	1	1	0	1	1
1	0	0	1	0	0
1	0	1	1	0	1
1	1	0	1	1	1
1	1	1	1	1	0

该门的标准图例起源于 CNOT 门的图例（见图 6.14）。

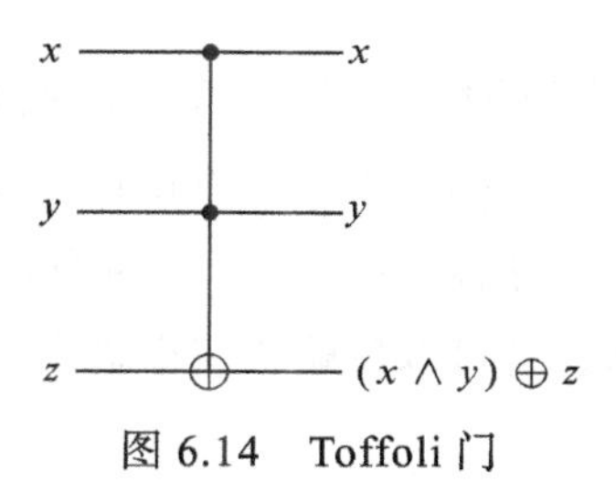

图 6.14　Toffoli 门

我们可以从表中看到，Toffoli 门是可逆的——每个输出值的三元组对应于一个输入值的三元组。像 CNOT 门一样，该门也具有特性——自己是自己的逆。

已知 Toffoli 门的函数表示 $T(x, y, z)=(x, y, (x \wedge y) \oplus z)$。现在，使用输出作为函数 T 的新的输入，得到：

$$T(x,y,(x \wedge y) \oplus z)=(x,y,(x \wedge y) \oplus (x \wedge y) \oplus z)=(x,y,z)$$

在这里我们运用了 $(x \wedge y) \oplus (x \wedge y)=0$ 和 $0 \oplus z=z$ 这两个事实。

我们知道仅使用与非门和扇出可以构建任何布尔电路。Toffoli 门也是通用门。为了证明 Toffoli 门是通用的，我们只要证明能使用 Toffoli 门实现这两者的功能就足够了。

与非门可以使用函数 $f(x, y)=\neg(x \wedge y)$ 来描述，因此我们想要一种可以输入 x 和 y 并获得输出 $\neg(x \wedge y)$ 的方法。因为我们要使用 Toffoli 门模拟与非门，我们将输入三个值，并得到三个输出值。已知，$\neg(x \wedge y)$ 逻辑等价于 $(x \wedge y) \oplus 1$，我们可以令第三个输入为 1，并忽略多余的输出值。我们使用

$$T(x,y,1)=(x,y,(x \wedge y) \oplus 1)=(x,y,\neg(x \wedge y))$$

来表明我们可以通过输入 x 和 y 并读取输出的第三个值来模拟与非门。

我们可以使用相似的想法来模拟扇出。我们想只输入一个值 x 并得到两个都是值 x 的输出。同样，Toffoli 门有三个输入和三个输出。除了 x 之外，我们可以固定另外两个输入值，只要我们得到了两个输出值为 x，就可以忽略第三个输出，这可以通过下式来实现：

$$T(x,1,0)=(x,1,x)$$

因此，任何布尔电路都可以仅使用 Toffoli 门构建。

这些结构解释了我们使用可逆门时经常出现的情况——输入数量必须等于输出数量，但我们经常希望去计算输入和输出数量不等的事物。我们总是通过向输入添加额外的位（通常称为辅助位）或忽略输出的位来实现此目的。被忽略的输出位有时被称为垃圾位。在我们使用 Toffoli 门实现扇出功能的示例中，有 $T(x,1,0)=(x,1,x)$，输入中的 1 和 0 是辅助位，输出中的 1 是垃圾位。

3. Fredkin 门

Fredkin 门也有三个输入和三个输出。第一个输入是控制位。如果它是 0，第二个和第三个输入不变。如果它是 1，它交换第二个和第三个输入——第二个输出是第三个输入，第三个输出是第二个输入。Fredkin 门可以用下式进行定义：

$$F(0,y,z)=(0,y,z),F(1,y,z)=(1,z,y)$$

等价地，它可以用下表进行定义：

Fredkin 门

输入			输出		
x	y	z	x		
0	0	0	0	0	0
0	0	1	0	0	1
0	1	0	0	1	0
0	1	1	0	1	1
1	0	0	1	0	0
1	0	1	1	1	0
1	1	0	1	0	1
1	1	1	1	1	1

从表中可以很容易地看出 Fredkin 门是可逆的，并且像受控非门和 Toffoli 门一样，它是它自己的逆。该表还具有以下属性：每个输入中 1 的数量等于相应输出中 1 的数量。我们稍后在使用台球构造 Fredkin 门时会利用这个事实。（当建造台球门时，你希望它们具有进入球数与离开球数相等的特性。）图 6.15 是这个门的图例。

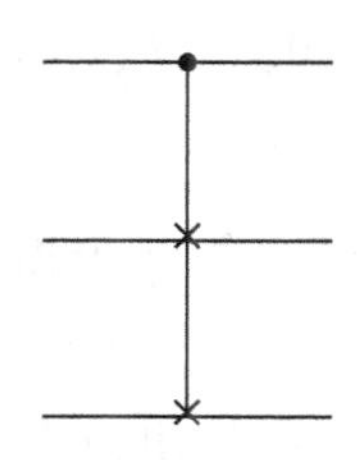

图 6.15　Fredkin 门

注意，$F(0,0,1)=(0,0,1)$ 且 $F(1,0,1)=(1,1,0)$，所以对 x 的可能取值，都有

$$F(x,0,1)=(x,x,\neg x)$$

该式告诉了我们可以使用 Fredkin 门实现扇出和否定。对于扇出，我们认为 $\neg x$ 是垃圾位；对于否定，我们认为两个 x 都是垃圾位。

如果输入的 z 值为 0，我们得到了：

$$F(0,0,0)=(0,0,0), \quad F(0,1,0)=(0,1,0),$$
$$F(1,0,0)=(1,0,0), \quad F(1,1,0)=(1,0,1)$$

我们可以把这四个式子更简洁地写作：

$$F(x,y,0)=(x,\neg x\wedge y,x\wedge y)$$

这告诉了我们可以使用 Fredkin 门去构造与门（0 是辅助位，x 和 $\neg x\wedge y$ 都是垃圾位）。

由于任何布尔电路都可以使用非门、与门以及扇出来构造，我们可以使用 Fredkin 门构造任何布尔电路。像 Toffoli 门一样，Fredkin 门是通用门。

我们使用了下式来定义 Fredkin 门：

$$F(0,y,z)=(0,y,z),F(1,y,z)=(1,z,y)$$

但我们将给出另一个等价定义。

Fredkin 门输出三个值。第一个输出值总是与第一个输入值 x 相等。第二个输出值当 x=0、y=1 或 x=1、z=1 时为 1，这可以表示为 $(\neg x\wedge y)\vee(x\wedge z)$。第三个输出值当 x=0、z=1 或 x=1、y=1 时为 1，这可以表示为 $(\neg x\wedge z)\vee(x\wedge y)$。因此，我们可以使用下式定义 Fredkin 门：

$$F(x,y,z)=(x,(\neg x\wedge y)\vee(x\wedge z),(\neg x\wedge z)\vee(x\wedge y))$$

这个式子看起来有些可怕，比起只去记住 x=0 时 y 和 z 都不变以及 x=1 时交换 y 和 z，这个式子要复杂得多。然而，在下一节中，当我们展示如何使用台球构建 Fredkin 门时，这个复杂的公式是有用的。

6.10　台球计算

我们仍未讨论如何真正地构建门。它们都可以使用门和导线来构建，其中具有电势的门和导线代表比特 1，缺少电势的门和导线代表比特 0。Fredkin 展示了我们也可以使用互相反弹的台球和策略性放置的镜子来构建门。镜子只是将球弹回的固体墙壁。(因为入射角等于反射角，它们被称为镜子。) 台球门是理论上存在的装置，它假设所有的碰撞都是完全弹性的——没有能量损失。图 6.16 展示了一个被称为**开关门**的简单门的例子。其中，实线表示墙壁；绘制出的网格线用来帮助我们追踪球的中心。

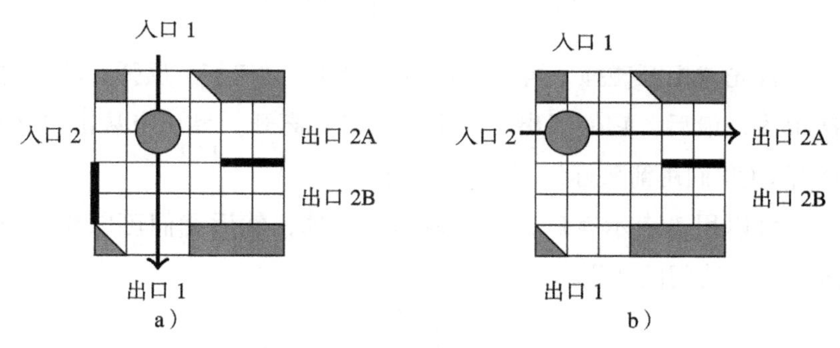

图 6.16　台球开关门

在图 6.16a 中，一个球刚刚通过入口 1 进入。因为我们没有将球输入入口 2，球只是不受阻碍地滚动，并通过出口 1 退出。图 6.16b 展示了一个相似的情况：一个球通过入口 2 进入，我们不通过入口 1 发送球，类似地，它不受阻碍地滚动，并从出口 2 退出。

通过两个入口发送球还有另外两种可能性。令人并不感到意外的是，如果我们不输入任何球，那么没有球退出。最后也是最复杂的情况是从两个入口都发送球。假设球具有相同的尺寸、质量、速度并同时输入。图 6.17 展示了这种情况下发生的事。

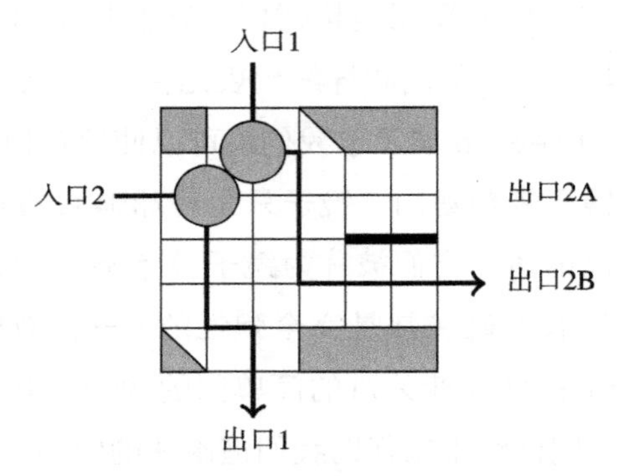

图 6.17　两个球进入开关门

首先球相互碰撞，再从各自对角的墙（或镜子）反弹，然后再次相撞，最后，它们退出。一个从出口 1 离开，另一个从出口 2B 离开。（我们用箭头标出了球的中心的路径。）

可以用 1 表示有球，用 0 表示没有球，然后我们可以使用下表总结上述门的作用。

开关门

输入		输出		
1	2	1	2A	2B
0	0	0	0	0
0	1	0	1	0
1	0	1	0	0
1	1	1	0	1

我们可以使用 x, y、$\neg x \wedge y$ 和 $x \wedge y$ 构建出一张值相同的表。

x	y	x	$\neg x \wedge y$	$x \wedge y$
0	0	0	0	0
0	1	0	1	0
1	0	1	0	0
1	1	1	0	1

这使我们能够把开关描述为带有适当标记的输入和输出的黑盒子，如图 6.18 所示。

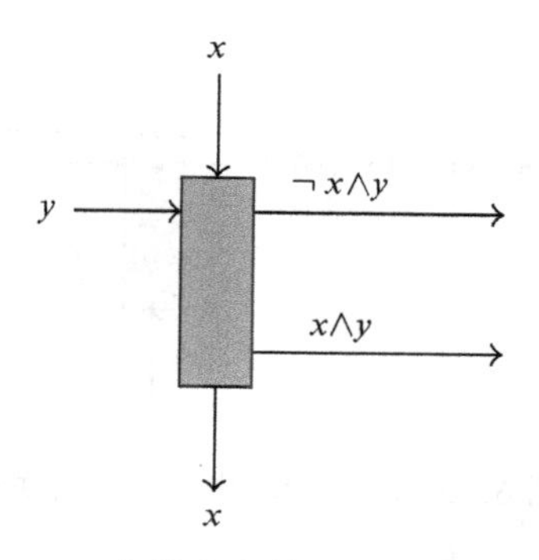

图 6.18　有输入和输出标记的开关门

图 6.18 告诉我们球进入和离开大门的位置。当一个球通过 x 进入时，它必须从 x 离开。当一个球通过 y 进入时，如果没有球从 x 进入，它将从 $\neg x \wedge y$ 离开；如果有球从 x 进入，它将从 $x \wedge y$ 离开。此时你可能会有点担心的是，在两个球进入的情况下，球被交换了，因为通过 x 离开的是通过 y 进入的球，而从 $x \wedge y$ 离开的是从 x 进入的球。但这不会产生问题，我们认为球是难以区分的——我们只关心哪里有球，而不在意球最初来自哪里。

我们也可以将门反转，如图 6.19 所示。我们必须谨慎地解释这一点，如果一个球通过 $\neg x \wedge y$ 进入，那么就不会有球通过 x 进入，因此球直接穿过。如果一个球从 $x \wedge y$ 进入，那么就会有球从 x 进入，紧接着它们会发生碰撞，一个球通过门顶部的出口离开，一个球通过左侧的出口离开。这意味着，当 $\neg x \wedge y$ 或者 $x \wedge y$ 时，小球会从左侧出口离开，所以该出口可以标记为 $(\neg x \wedge y) \vee (x \wedge y)$。$(\neg x \wedge y) \vee (x \wedge y)$ 逻辑等价于 y，表明了反转门只改变方向，但不改变所有标记的值。

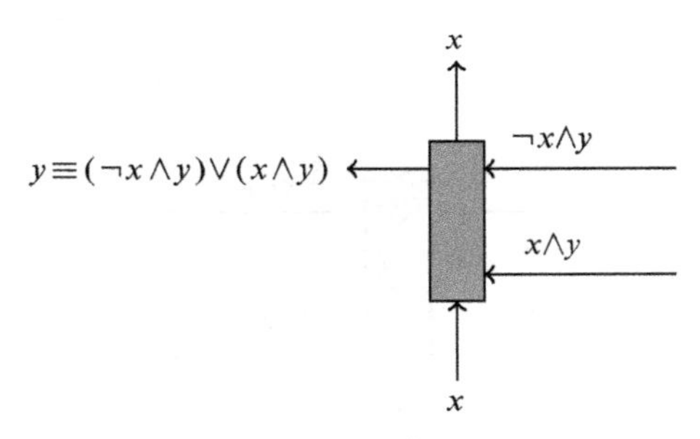

图 6.19　输入和输出互换的开关门

我们现在可以构建一个 Fredkin 门。回想下式

$$F(x,y,z)=(x,(\neg x \wedge y) \vee (x \wedge z),(\neg x \wedge z) \vee (x \wedge y))$$

我们需要一种输入 x、y、z 并输出 x、$(\neg x \wedge y) \vee (x \wedge z)$ 和 $(\neg x \wedge z) \vee (x \wedge y))$ 的结构。这可以使用四个开关门来实现，如图 6.20 所示。

在图 6.20 中，我们通过使球从对角放置的镜子上反弹获得路径中的直角。其余的碰撞都发生在开关门中。路径交叉不表示碰撞；球会在不同时间穿过交叉点。为了确保球不会在它们不应该发生碰撞的地方发生碰撞，并且会在应该发生碰撞的地方发生碰撞，我们总是可以通过使用镜子来向路径添加少许弯路，以增加路径的延迟。例如，我们可以将直线路径更改为如图 6.21 所示的路径以增加一点延迟。

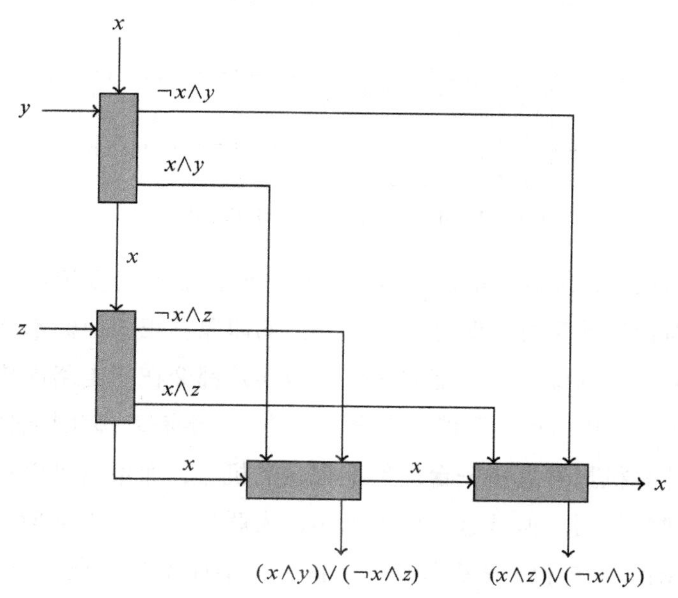

图 6.20　用开关门构建的 Fredkin 门

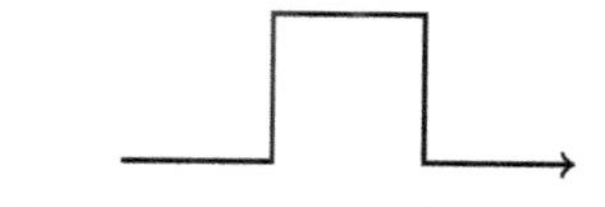

图 6.21　增加到直线路径的延迟

通过将镜子放在适当的位置并增加延迟，我们可以构建出输入和输出对齐并且只要球同时进入就能同时离开的门，如图 6.22 所示。我们可以构建包含多个 Fredkin 门的电路。由于 Fredkin

门是通用门，它可用来构成任何布尔电路。因此，我们可以只使用台球和镜子构成任何布尔电路。

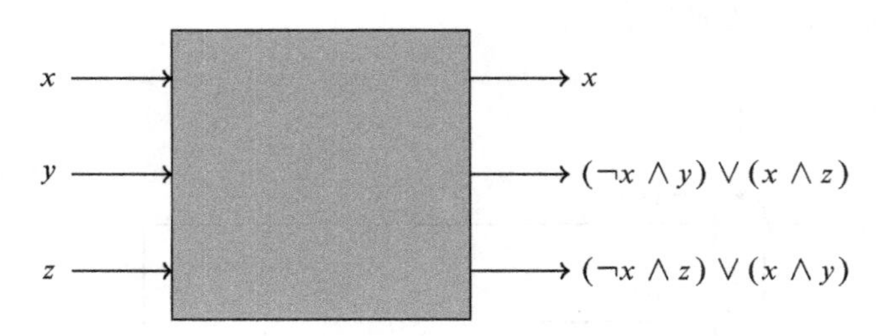

图 6.22　电路中使用的台球 Fredkin 门

Fredkin 认为宇宙是一台计算机。他没能使费曼相信这个理论，但台球计算机给费曼留下了深刻的印象。正如他们都意识到的那样，球的位置或速度的任何轻微误差都会在门电路内传播并被放大。碰撞永远不可能是完全弹性的，总会有摩擦和热量损失。台球计算机显然只是一台理论上存在的机器，而不是可以在实践中构建的机器。但是这台机器确实让人联想到原子相互撞击、反弹的图像，并导致费曼思考基于量子力学而不是经典力学的门。我们将在下一章讨论这个想法。

第7章

量子门和电路

量子门和电路是经典门和电路的自然延伸。它们也是另一种思考数学语言的方式，这种数学语言描述了 Alice 向 Bob 发送量子比特的过程。

我乘火车上下班。有时我乘坐的火车停在站台上，而另一列火车会在离车窗只有几英寸[⊖]的地方也停下来。之后，一列火车将缓慢移动。如果不去看另一侧的窗户，有时无法判断是我的火车还是另一列火车正在移动。可能是我乘坐的火车在缓慢前进，也可能是另一列火车在朝相反方向缓慢前进。同样的分析也适用于 Bob 的测量。我们可以认为 Bob 旋转了他的测量仪器；也可以认为 Bob 将仪器保持在与 Alice 相同的方向，但量子比特在从 Alice 到 Bob 的传输过程中因一些原因旋转了。当 Alice 和 Bob 距离较远时，认为 Bob 的设备发生了旋转通常更为合理。我们将向自己发送量子比特。可以认为我们的设备在传输时间内发生了旋转，但更自然的想法是认为设备是固定的，量子比特发生了旋转。我们认为旋转是

⊖ 1 英寸 =0.0254 米。——编辑注

在发送和测量之间发生的，量子门旋转了量子比特。之前我们提到过，选择测量量子比特的方向对应于选择一个正交矩阵。现在我们认为测量的方向是固定的，正交矩阵对应于量子比特通过的量子门。在看一些例子之前，我们将为基 ket 引入一些新名称。

7.1 量子比特

由于我们认为测量设备是固定的，只需要使用一个有序的基来发送和接收量子比特。自然的基选择是标准基 $\left(\begin{bmatrix}1\\0\end{bmatrix},\begin{bmatrix}0\\1\end{bmatrix}\right)$，早些时候我们定义它为 $(|\uparrow\rangle,|\downarrow\rangle)$。我们将有序基中的第一个向量与比特 0 关联，第二个向量与比特 1 关联。现在，我们将使用这个基赋予 ket 新名称，这个新名称会反映它们与比特的关系，这是有意义的。我们将使用 $|0\rangle$ 表示 $\begin{bmatrix}1\\0\end{bmatrix}$ 以及 $|1\rangle$ 表示 $\begin{bmatrix}0\\1\end{bmatrix}$。

一个量子比特通常可以表示为 $a_0|0\rangle+a_1|1\rangle$，其中 $a_0^2+a_1^2=1$。当我们测量它时，可能状态变化为 $|0\rangle$，我们读取到 0；也可能状态变化为 $|1\rangle$，我们读取到 1。第一种情况有 a_0^2 的概率发生，第二种情况有 a_1^2 的概率发生。

通常情况下，系统会具有两个以上的比特，这意味着我们必须构建张量积。对于具有两个量子比特的系统，它的有序基如下：

$$\left(\begin{bmatrix}1\\0\end{bmatrix}\otimes\begin{bmatrix}1\\0\end{bmatrix},\begin{bmatrix}1\\0\end{bmatrix}\otimes\begin{bmatrix}0\\1\end{bmatrix},\begin{bmatrix}0\\1\end{bmatrix}\otimes\begin{bmatrix}1\\0\end{bmatrix},\begin{bmatrix}0\\1\end{bmatrix}\otimes\begin{bmatrix}0\\1\end{bmatrix}\right)$$

这可以写作 $(|0\rangle\otimes|0\rangle,|0\rangle\otimes|1\rangle,|1\rangle\otimes|0\rangle,|1\rangle\otimes|1\rangle)$。正如先前提到的，我们经常省略张量积符号，因此可以把这些积更简洁地写作 $(|0\rangle|0\rangle,|0\rangle|1\rangle,|1\rangle|0\rangle,|1\rangle|1\rangle)$。最后，我们制定了惯例——使用 $|ab\rangle$ 表示 $|a\rangle|b\rangle$。现在，我们可以把这些积表示为 $(|00\rangle,|01\rangle,|10\rangle,|11\rangle)$，这种表示简短而易读。

这如何关联到门？这是接下来要考虑的，我们将从受控非（CNOT）门开始谈起。

7.2　受控非门

正如我们看到的，经典受控非门有两个输入和两个输出，它的定义如下表：

受控非门

输入		输出	
x	y	x	$x\oplus y$
0	0	0	0
0	1	0	1
1	0	1	1
1	1	1	0

我们用自然的方法将它扩展到量子比特形式——使用 $|0\rangle$ 替换 0，$|1\rangle$ 替换 1。新表如下：

受控非门

输入		输出	
x	y	x	$x\oplus y$
$\|0\rangle$	$\|0\rangle$	$\|0\rangle$	$\|0\rangle$

（续）

受控非门

输入		输出	
x	y	x	$x \oplus y$
$\|0\rangle$	$\|1\rangle$	$\|0\rangle$	$\|1\rangle$
$\|1\rangle$	$\|0\rangle$	$\|1\rangle$	$\|1\rangle$
$\|1\rangle$	$\|1\rangle$	$\|1\rangle$	$\|0\rangle$

使用我们提出的紧凑的张量积表示方法，这可以被更简洁地写成：

受控非门

输入	输出
$\|00\rangle$	$\|00\rangle$
$\|01\rangle$	$\|01\rangle$
$\|10\rangle$	$\|11\rangle$
$\|11\rangle$	$\|10\rangle$

该表告诉我们基向量会发生什么。我们可以用一种显然的方式拓展到基向量的线性组合：

$$\text{CNOT}(r|00\rangle + s|01\rangle + t|10\rangle + u|11\rangle) = r|00\rangle + s|01\rangle + u|10\rangle + t|11\rangle$$

它只是翻转了$|01\rangle$和$|11\rangle$的概率振幅。

我们继续使用之前用于受控非门的图例，但必须注意解释它的方法。对于经典比特，通过左侧顶部导线进入的比特，在离开右侧顶部导线时，保持不变。对于量子比特，在顶部量子比特是$|0\rangle$或$|1\rangle$时，这依然是正确的，但对于其余量子比特，这不再正确。

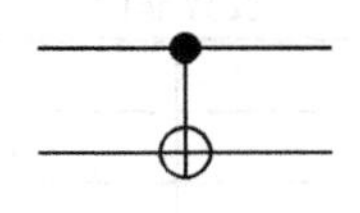

例如，我们使用 $\frac{1}{\sqrt{2}}|0\rangle+\frac{1}{\sqrt{2}}|1\rangle$ 作为顶部的量子比特，$|0\rangle$ 作为底部的量子比特。

输入是 $\left(\frac{1}{\sqrt{2}}|0\rangle+\frac{1}{\sqrt{2}}|1\rangle\right)\otimes|0\rangle=\frac{1}{\sqrt{2}}|00\rangle+\frac{1}{\sqrt{2}}|10\rangle$，受控非门将输出 $\frac{1}{\sqrt{2}}|00\rangle+\frac{1}{\sqrt{2}}|11\rangle$。

正如我们从 EPR 实验中所认识到的，这种状态是一种纠缠状态。因此，我们无法将单个状态分配给右侧顶部和底部的导线，我们以如下方式绘制图例：

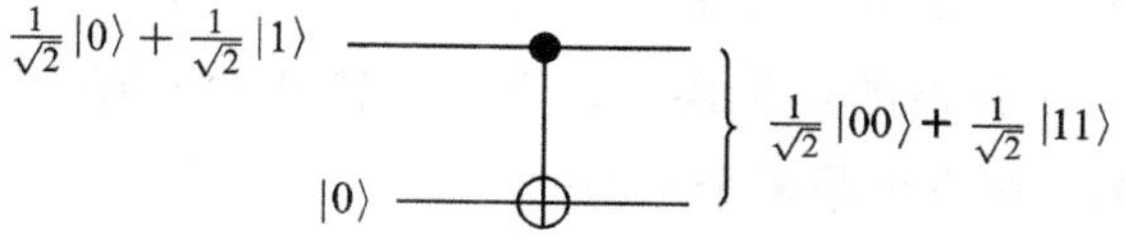

$\frac{1}{\sqrt{2}}|0\rangle+\frac{1}{\sqrt{2}}|1\rangle$

$|0\rangle$

$\frac{1}{\sqrt{2}}|00\rangle+\frac{1}{\sqrt{2}}|11\rangle$

导线代表电子或光子，它们是分离的，而且可以相距很远。我们经常谈论顶部的量子比特和底部的量子比特，并认为它们相距很远。但是需要记住，如果它们是纠缠的，对一个的测量将影响另一个的状态。

这个例子说明了我们通常是如何使用量子门的，我们可以输入两个未经纠缠的量子比特并使用量子门来纠缠它们。

7.3　量子门

注意，受控非门会置换基向量。置换有序的正交基会得到另一个有序的正交基，并且我们知道与正交基所关联的矩阵是正交矩阵。因此，受控非门所对应的矩阵是正交的。实际上，我们在上一章中介绍的所有可逆门都置换了基向量，它对应的矩阵也都是正交的。这给了我们量子门的定义——它们是可以使用正交矩阵描述的操作。

就像经典计算一样，我们想要把一些简单门组装到一起，将它们连接成电路。我们先看向最简单的量子门——那些仅作用于一个量子比特的量子门。

7.4 作用于一个量子比特的量子门

在经典、可逆的计算中，只有两种布尔操作会作用于一个比特：不改变比特值的单位操作，以及翻转 0 和 1 值的非操作。对于量子比特，则有无限多个可能的门！

我们先学习与经典的单位操作所对应的两个量子门，它们都保持量子比特 $|0\rangle$ 和 $|1\rangle$ 不变。然后，再学习两个会翻转量子比特 $|0\rangle$ 和 $|1\rangle$ 的量子门。这四个门因沃尔夫冈·泡利（Wolfgang Pauli）得名，被称为 Pauli 变换。

1. 门 $\boldsymbol{I}$ 和 $\boldsymbol{Z}$

门 $\boldsymbol{I}$ 就是单位矩阵 $\begin{bmatrix} 1 & 0 \\ 0 & 1 \end{bmatrix}$。

我们将会看到 $\boldsymbol{I}$ 是如何作用于正交量子比特 $a_0|0\rangle + a_1|1\rangle$ 的，

$$\boldsymbol{I}(a_0|0\rangle + a_1|1\rangle) = \begin{bmatrix} 1 & 0 \\ 0 & 1 \end{bmatrix}\begin{bmatrix} a_0 \\ a_1 \end{bmatrix} = \begin{bmatrix} a_0 \\ a_1 \end{bmatrix} = a_0|0\rangle + a_1|1\rangle$$

不令人意外地，$\boldsymbol{I}$ 作为单位操作，完全不改变量子比特。

门 $\boldsymbol{Z}$ 被定义为矩阵$\begin{bmatrix}1 & 0\\0 & -1\end{bmatrix}$。

再一次，我们会看到 $\boldsymbol{Z}$ 是如何作用于正交量子比特 $a_0|0\rangle + a_1|1\rangle$ 的。

$$\boldsymbol{Z}(a_0|0\rangle + a_1|1\rangle) = \begin{bmatrix}1 & 0\\0 & -1\end{bmatrix}\begin{bmatrix}a_0\\a_1\end{bmatrix} = \begin{bmatrix}a_0\\-a_1\end{bmatrix} = a_0|0\rangle - a_1|1\rangle$$

因此，$\boldsymbol{Z}$ 保留了 $|0\rangle$ 的概率振幅，但它改变了 $|1\rangle$ 的概率振幅的符号。让我们更加慎重地考虑 $\boldsymbol{Z}$ 的作用。

首先，我们观察它是如何作用于基向量的。我们有 $\boldsymbol{Z}(|0\rangle) = |0\rangle$ 和 $\boldsymbol{Z}(|1\rangle) = -|1\rangle$。但我们知道一个状态向量和它乘以 −1 是等价的，所以 $-|1\rangle$ 等价于 $|1\rangle$；因此 $\boldsymbol{Z}$ 保留了两个基向量，但它不是单位操作。如果把 $\boldsymbol{Z}$ 应用于量子比特 $\frac{1}{\sqrt{2}}|0\rangle + \frac{1}{\sqrt{2}}|1\rangle$，我们得到

$$\frac{1}{\sqrt{2}}|0\rangle - \frac{1}{\sqrt{2}}|1\rangle$$

并且，我们在早先展示过 $\frac{1}{\sqrt{2}}|0\rangle + \frac{1}{\sqrt{2}}|1\rangle$ 和 $\frac{1}{\sqrt{2}}|0\rangle - \frac{1}{\sqrt{2}}|1\rangle$ 是可区分的，它们并不等价。

尽管变换 $\boldsymbol{Z}$ 保留了两个基向量，但它改变了除此之外的所有量子比特！这种操作改变了一个概率振幅的符号，有时我们称它为**改变了量子比特的相对相位**。

2. 门 $\boldsymbol{X}$ 和 $\boldsymbol{Y}$

门 $\boldsymbol{X}$ 和 $\boldsymbol{Y}$ 被定义为[⊖]：它们都对应于非门，因为它们翻转了 $|0\rangle$ 和 $|1\rangle$。门 $\boldsymbol{X}$ 仅仅翻转 $|0\rangle$ 和 $|1\rangle$，而门 $\boldsymbol{Y}$ 不仅翻转了 $|0\rangle$ 和 $|1\rangle$，还改变了相对相位。

$$\boldsymbol{X}=\begin{bmatrix}0 & 1\\ 1 & 0\end{bmatrix} \qquad \boldsymbol{Y}=\begin{bmatrix}0 & 1\\ -1 & 0\end{bmatrix}$$

3.Hadamard 门

Hadamard 门是我们最后介绍的、也是最重要的仅作用于一个量子比特的量子门。它被定义为

$$\boldsymbol{H}=\begin{bmatrix}\frac{1}{\sqrt{2}} & \frac{1}{\sqrt{2}}\\ \frac{1}{\sqrt{2}} & -\frac{1}{\sqrt{2}}\end{bmatrix}=\frac{1}{\sqrt{2}}\begin{bmatrix}1 & 1\\ 1 & -1\end{bmatrix}$$

这个门通常用于将标准基向量变为叠加态：

$$\boldsymbol{H}(|0\rangle)=\frac{1}{\sqrt{2}}(|0\rangle+|1\rangle) \qquad \boldsymbol{H}(|1\rangle)=\frac{1}{\sqrt{2}}(|0\rangle-|1\rangle)$$

在图例中，作用于一个量子比特的门用一个正方形来表示，并在中心标上合适的字符。例如，作用于一比特的 Hadamard 门可以用如下图例来表示：

—[$\boldsymbol{H}$]—

我们已经提到了五种作用于一个量子比特的门。当然，还有

⊖ 大多数作者将矩阵 $\boldsymbol{Y}$ 定义为我们给出的矩阵的 $-i$ 倍。我们选择不使用任何复数。当考虑超密编码和量子隐形传态时，我们对 $\boldsymbol{Y}$ 的选择将会使事情变得略微简单一些。

无限多种作用于一个量子比特的门。我们有无数种旋转，任何旋转都对应于一个正交矩阵，这些正交矩阵都可以被认为是量子门。

7.5　是否存在通用量子门

在经典计算中，我们发现每个布尔函数都可以由仅使用 Fredkin 门的电路给出，这告诉我们 Fredkin 门是通用的。我们还知道在使用扇出操作的情况下，与非门是通用的。有通用量子门吗？

在给定变量数的情况下，经典计算中只存在数量有限的布尔函数。当变量数为 1 时，只有 4 种布尔函数；当变量数为 2 时，有 16 种布尔函数。通常，当变量数为 n 时，有 2^{2^n} 种可能的布尔函数。量子门的情况就截然不同了。正如我们所知道的那样，有无限多个可能的只作用于一个量子比特的量子门。如果我们使用有限数量的门，并以有限的方式连接它们，我们最终会得到可数个电路。因此，不存在能产生不可数个电路的有限数量的门。

对于是否存在一组数量有限的、通用的量子门这一问题，作用在一个量子比特上的门有无数多个，它们构成一个*无穷不可数*门集。以有限的方式连接有限个门是不可能产生无穷不可数多个电路的。人们已经证明了存在一组数量有限的门，它们可以用来近似所有可能的电路。我们不会深入讨论这个话题，所有我们需要的电路都可以使用我们所提到的门来构建，即五个作用于一个量子比特的量子门和作用于两个量子比特的受控非门。

7.6　非克隆定理

我们首先看向经典电路中的扇出操作：一根输入导线连接两

根输出导线，输入信号被分为了两个相同的副本。

然后我们看向可逆门。对于可逆门，如果你有两个输出，那么你必须有两个输入。我们可以通过辅助位来模拟扇出操作——使第二个输入始终为 0。一种模拟扇出的方法是使用受控非（CNOT）门。

已知 $\mathrm{CNOT}(|0\rangle|0\rangle)=|0\rangle|0\rangle$，$\mathrm{CNOT}(|1\rangle|0\rangle)=|1\rangle|1\rangle$，使用 $|x\rangle$ 来替换 $|0\rangle$ 或 $|1\rangle$，可得 $(|x\rangle|0\rangle)=|x\rangle|x\rangle$。不幸的是，当 $|x\rangle$ 不是 $|0\rangle$ 或 $|1\rangle$ 时，我们无法获得 $|x\rangle$ 的两份拷贝。当我们将 $\left(\frac{1}{\sqrt{2}}|0\rangle+\frac{1}{\sqrt{2}}|1\rangle\right)|0\rangle$ 输入 CNOT 门时，它将会输出纠缠态的量子，而不是左侧量子比特的两份拷贝。我们能使用 CNOT 门拷贝经典比特，而无法拷贝量子比特。

术语扇出仅用于经典计算，我们使用“克隆”一词来表示量子计算中相近的想法。克隆就像扇出，但它是对于量子比特的操作。我们想要拷贝的不单单是经典比特，还有量子比特。我们想要得到一个门，它的输入是一个任意的量子比特 $|x\rangle$ 和一个固定的量子比特 $|0\rangle$（一个辅助位），它的输出是 $|x\rangle$ 的两份拷贝。一个描述了我们希望得到的门的图例如下：

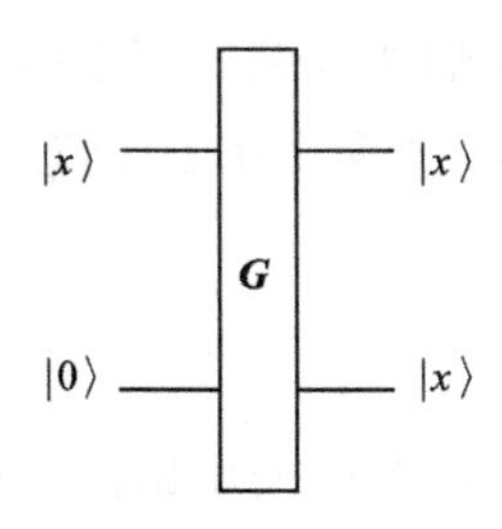

我们是否能实现克隆这一问题等价于门 $\boldsymbol{G}$ 是否存在这一问题。我们将证明它不存在，即我们无法克隆任意量子比特。我们将使用反证法完成我们的证明，先假设门 $\boldsymbol{G}$ 是存在的，然后证明两个在逻辑上遵循该假设却互相矛盾的结果。由于我们的论证在逻辑上是合理的而且不该发生矛盾，得到结论，我们的假设（即门 $\boldsymbol{G}$ 是存在的）是错误的。下面是详细证明。

如果 $\boldsymbol{G}$ 存在，我们能通过它克隆的属性得到：

1） $\boldsymbol{G}(|0\rangle|0\rangle)=|0\rangle|0\rangle$ 。

2） $\boldsymbol{G}(|1\rangle|0\rangle)=|1\rangle|1\rangle$ 。

3） $\boldsymbol{G}\left(\left(\frac{1}{\sqrt{2}}|0\rangle+\frac{1}{\sqrt{2}}|1\rangle\right)|0\rangle\right)=\left(\frac{1}{\sqrt{2}}|0\rangle+\frac{1}{\sqrt{2}}|1\rangle\right)\left(\frac{1}{\sqrt{2}}|0\rangle+\frac{1}{\sqrt{2}}|1\rangle\right)$ 。

这三个命题又可以被写作：

1） $\boldsymbol{G}(|00\rangle)=|00\rangle$

2） $\boldsymbol{G}(|10\rangle)=|11\rangle$

3） $\boldsymbol{G}\left(\frac{1}{\sqrt{2}}|00\rangle+\frac{1}{\sqrt{2}}|10\rangle\right)=\frac{1}{2}(|00\rangle+|01\rangle+|10\rangle+|11\rangle)$

门 $\boldsymbol{G}$ 和所有的矩阵操作一样，必须是线性的，这意味着

$$\boldsymbol{G}\left(\frac{1}{\sqrt{2}}|00\rangle+\frac{1}{\sqrt{2}}|10\rangle\right)=\frac{1}{\sqrt{2}}\boldsymbol{G}(|00\rangle)+\frac{1}{\sqrt{2}}\boldsymbol{G}(|10\rangle)$$

使用命题 1 和命题 2 替换 $\boldsymbol{G}(|00\rangle)$ 和 $\boldsymbol{G}(|10\rangle)$ ，得到

$$\boldsymbol{G}\left(\frac{1}{\sqrt{2}}|00\rangle+\frac{1}{\sqrt{2}}|10\rangle\right)=\frac{1}{\sqrt{2}}|00\rangle+\frac{1}{\sqrt{2}}|11\rangle$$

但命题 3 表明

$$G\left(\frac{1}{\sqrt{2}}|00\rangle+\frac{1}{\sqrt{2}}|10\rangle\right)=\frac{1}{2}(|00\rangle+|01\rangle+|10\rangle+|11\rangle)$$

然而，

$$\frac{1}{\sqrt{2}}|00\rangle+\frac{1}{\sqrt{2}}|11\rangle\neq\frac{1}{2}(|00\rangle+|01\rangle+|10\rangle+|11\rangle)$$

因此，我们证明了如果门 $\boldsymbol{G}$ 存在，那么两个不相等的公式必须是相等的，这是矛盾的。唯一合理的结论是门 $\boldsymbol{G}$ 是不存在的，我们不能构造出一个能克隆任意量子比特的门。我们选择 $|0\rangle$ 作为辅助位，这没什么特别的，无论我们选择什么值作为辅助位，都可以使用完全相同的论证方式。

无法克隆量子比特产生了巨大的影响。我们想要能备份文件，并把文件副本发送给其他人。拷贝无处不在。我们每天使用的计算机基于冯·诺依曼架构，该架构主要基于拷贝能力。当我们运行程序时，我们总是将比特从一个位置拷贝到另一个位置。在量子计算中，对于任意量子比特的克隆是无法实现的。因此，如果要设计可编程量子计算机，它将不会基于我们当前的架构。

一开始，我们无法克隆量子比特看起来像个严重的缺点，但需要做出两个重要的评价。

我们经常想要防止复制。我们希望保护我们的数据——我们不希望我们的通信被窃听。在这方面，正如我们在 Eve 中看到的，无法克隆量子比特这一事实可以带来好处，它能避免不必要副本的生产。

第二个评价十分重要，我们需要用单独的两节来解释它。

7.7　量子计算与经典计算

量子比特 $|0\rangle$ 和 $|1\rangle$ 对应于比特 0 和 1。如果我们仅仅对于量子比特 $|0\rangle$ 和 $|1\rangle$ 而不是对于任何叠加态的量子比特使用量子 CNOT 门，计算与对 0 和 1 使用经典 CNOT 门完全一致。Fredkin 门的量子版本也是如此。由于经典的 Fredkin 门是通用的，并且仅使用 $|0\rangle$ 和 $|1\rangle$ 的量子 Fredkin 门等效于经典门，易知量子电路可以计算任何可以被经典电路计算的东西。非克隆属性看起来令人担忧，但它并不限制我们以任何方式进行经典计算。

7.8　贝尔电路

我们把以下量子电路称为贝尔电路：

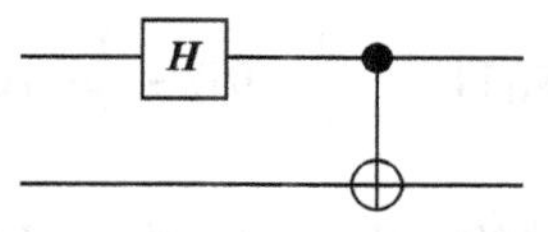

为了理解它的作用，我们将输入构成标准基的四对量子比特。我们从 $|00\rangle=|0\rangle|0\rangle$ 开始谈起，第一个量子比特受 Hadamard 门作用变为 $\frac{1}{\sqrt{2}}|0\rangle+\frac{1}{\sqrt{2}}|1\rangle$，因此，这个两比特系统的状态变为

$$\left(\frac{1}{\sqrt{2}}|0\rangle+\frac{1}{\sqrt{2}}|1\rangle\right)|0\rangle=\frac{1}{\sqrt{2}}|00\rangle+\frac{1}{\sqrt{2}}|10\rangle$$

我们再考虑 CNOT 门的影响，它将 $|10\rangle$ 翻转为 $|11\rangle$，得到最终状态 $\frac{1}{\sqrt{2}}|00\rangle+\frac{1}{\sqrt{2}}|11\rangle$。

我们可以使用下图表示该情况：

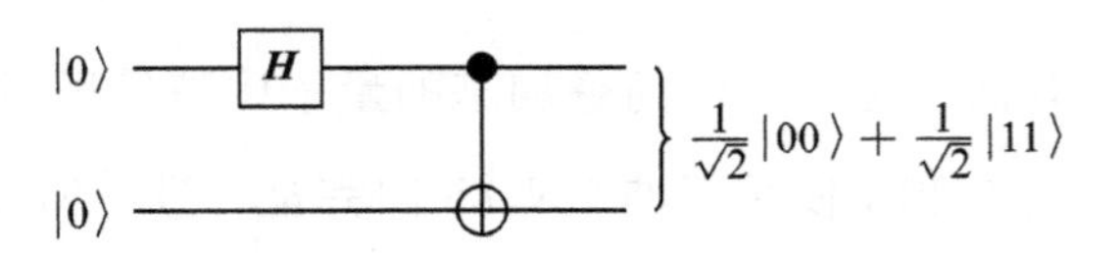

我们将这归纳为

$$\boldsymbol{B}(|00\rangle)=\frac{1}{\sqrt{2}}|00\rangle+\frac{1}{\sqrt{2}}|11\rangle$$

类似地，我们可以得到

$$\boldsymbol{B}(|01\rangle)=\frac{1}{\sqrt{2}}|01\rangle+\frac{1}{\sqrt{2}}|10\rangle$$

$$\boldsymbol{B}(|10\rangle)=\frac{1}{\sqrt{2}}|00\rangle-\frac{1}{\sqrt{2}}|11\rangle$$

$$\boldsymbol{B}(|11\rangle)=\frac{1}{\sqrt{2}}|01\rangle-\frac{1}{\sqrt{2}}|10\rangle$$

任何一个输出都是纠缠的。由于输入构成了 $\mathbb{R}^4$ 的一组标准正交基，故输出也构成了一组标准正交基，包含了这四个纠缠的 ket 的基被称作贝尔基。

我们可以通过计算 $\boldsymbol{A}^{\mathrm{T}}\boldsymbol{A}$ 来判断方阵 $\boldsymbol{A}$ 是否正交，其中 $\boldsymbol{A}^{\mathrm{T}}$ 是通过交换 $\boldsymbol{A}$ 的行和列得到的转置矩阵。如果我们得到单位矩阵 $\boldsymbol{I}$，则方阵 $\boldsymbol{A}$ 是正交的，且该方阵的列构成了一组标准正交基。如果我

们得到的不是单位矩阵，那么矩阵不是正交的。我们定义门都是正交的，因此它们都具有此特性。实际上，除了 Pauli 矩阵 $\boldsymbol{Y}$ 之外，在本章中介绍的所有门还具有以下特性：它们的转置矩阵就是它们自身⊖。因此，对于这些门，有 $\boldsymbol{AA}=\boldsymbol{I}$。这告诉我们，如果连续两次使用这些门中的一种门，我们最终会得到一个与输入相同的输出。第二次使用门时，它会抵消第一次使用它时产生的影响。

接下来，我们将看到贝尔电路的两种用途，但在那之前，我们会先用到 Hadamard 门和 CNOT 门是它们自己的逆的事实，考虑以下电路：

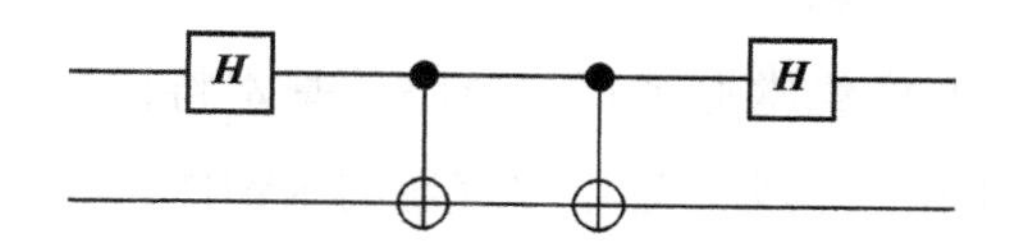

如果我们通过该电路发送一对量子比特，首先 Hadamard 门作用于这对量子比特，然后 CNOT 门再作用于它们，CNOT 门第二次作用于它们时抵消了第一次的影响，最后，Hadamard 门第二次作用于它们时抵消了最初的 Hadamard 门的影响。结果是电路没有改变任何东西，输出的量子比特和输入的量子比特完全相同。后半部分的电路抵消了前半部分的影响。这表示下图中被称为反贝尔电路的电路可以抵消贝尔电路的影响：

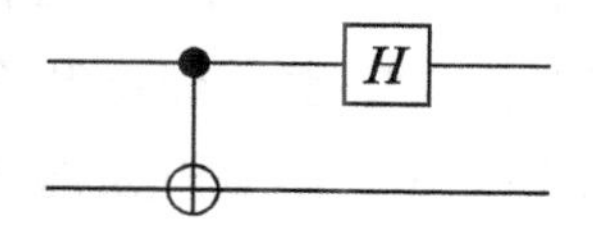

⊖ 具有特性 $\boldsymbol{A}^{\mathrm{T}}=\boldsymbol{A}$ 的矩阵被称为对称的，它们相对于主对角线是对称的。

特别地，我们已经知道了向反贝尔电路中输入来自贝尔基中的向量会发生什么——它会输出标准基中的向量。

如果我们输入 $\frac{1}{\sqrt{2}}|00\rangle+\frac{1}{\sqrt{2}}|11\rangle$，它将输出 $|00\rangle$。

如果我们输入 $\frac{1}{\sqrt{2}}|01\rangle+\frac{1}{\sqrt{2}}|10\rangle$，它将输出 $|01\rangle$。

如果我们输入 $\frac{1}{\sqrt{2}}|00\rangle-\frac{1}{\sqrt{2}}|11\rangle$，它将输出 $|10\rangle$。

如果我们输入 $\frac{1}{\sqrt{2}}|01\rangle-\frac{1}{\sqrt{2}}|10\rangle$，它将输出 $|11\rangle$。

现在，我们已经掌握了贝尔电路的基本特性，我们将看到这些特性是如何用于完成一些非常有趣的事情的，我们将开始谈论超密编码和量子隐形传态。

7.9 超密编码

超密编码和量子隐形传态的初始设置是一样的，我们有两个处于纠缠自旋态的电子 $\frac{1}{\sqrt{2}}|00\rangle+\frac{1}{\sqrt{2}}|11\rangle$，将其中一个电子给 Alice，另一个给 Bob，然后，他们会旅行到相距很远的地方，并且不会对各自的电子进行任何测量，保持电子的纠缠态。

在超密编码中，Alice 想要给 Bob 发送两个经典比特的信息，即以下可能性中的一种：00，01，10，11。为了实现这个目标，她将向 Bob 发送一个量子比特（她的电子）。我们稍后会准确地描述这个过程，但首先我们将分析这个问题，来了解我们的目的。

起初，这个问题看起来似乎很容易解决。Alice 将给 Bob 发送一个量子比特 $a_0|0\rangle+a_1|1\rangle$，她有无数种可选的量子比特，它们都满足 $a_0^2+a_1^2=1$。当然，如果我们被允许发送无数种选择中的一种，那构建一种传输两位信息（之前提到的四种可能性的一种）的方式一定很容易。问题是 Bob 永远不知道 Alice 传输的量子比特是什么，他只能通过测量来获取信息。他将在标准基上对自旋进行测量，并得到 $|0\rangle$ 或 $|1\rangle$。如果 Alice 发送给他的是 $a_0|0\rangle+a_1|1\rangle$，那他有 a_0^2 的概率得到 $|0\rangle$，有 a_1^2 的概率得到 $|1\rangle$。如果他得到 $|0\rangle$，他仍得不到任何关于 a_0 的信息，除了能知道它是非零的。Bob 可以从一个量子比特中至多获得一个比特的信息。为了获得两比特信息，他必须从 Alice 发送给他的粒子中提取一个比特的信息，此外，他还需要从他拥有的粒子中提取一个比特的信息。

一开始，Alice 和 Bob 各有一个电子，最后，Bob 会拥有这两个电子，并测量它们的自旋。Bob 将有一个具有两个出口的量子电路。如果 Alice 想要发送 00，我们需要设计电路，使得在 Bob 开始测量之前，顶部的电子处于状态 $|0\rangle$，底部的电子处于状态 $|0\rangle$，即这对电子在 Bob 测量它们的自旋前处于非纠缠态 $|00\rangle$。类似地，如果 Alice 想要发送 01，在 Bob 测量前，我们想要这对电子处于状态 $|01\rangle$；如果 Alice 想要发送 10，我们想要这对电子处于状态 $|10\rangle$；如果 Alice 想要发送 11，我们想要这对电子处于状态 $|11\rangle$。

最后，我们发现 Bob 必须对他收到的每对电子进行相同的操作。他不能根据 Alice 试图发送的内容进行不同的操作，因为他不清楚 Alice 想要发送的内容。这就是要点！

这种方法背后的思想是 Alice 将从四种操作中选择一种作用于她的电子，这些操作会导致量子比特的状态变为贝尔基中的一种基向量，然后 Bob 通过将反贝尔电路作用于这对量子比特，来获得正确的非纠缠态。

Alice 有四种对应于每种两比特选择的量子电路，每种电路都使用了 Pauli 门，它们的图例如下：

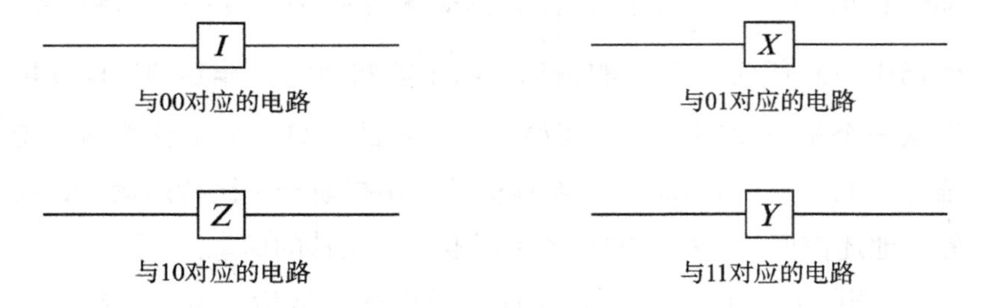

与00对应的电路

与01对应的电路

与10对应的电路

与11对应的电路

我们将看看每种情况下量子比特会发生什么。起初，Alice 和 Bob 的量子比特纠缠在一起，它们处于状态 $\frac{1}{\sqrt{2}}|00\rangle+\frac{1}{\sqrt{2}}|11\rangle$，也写作

$$\frac{1}{\sqrt{2}}|0\rangle\otimes|0\rangle+\frac{1}{\sqrt{2}}|1\rangle\otimes|1\rangle$$

当 Alice 使用合适的电路发送她的电子时，她的 ket 发生了改变。注意，Alice 的电路无论如何都不会影响到 Bob 的电子。我们将分析每种情况下量子比特发生的变化。

如果 Alice 想要发送 00，那她不会进行任何操作，因此，量子比特仍保持状态 $\frac{1}{\sqrt{2}}|00\rangle+\frac{1}{\sqrt{2}}|11\rangle$。

如果 Alice 想要发送 01，她使用了 $\boldsymbol{X}$ 门，这使得她的 $|0\rangle$ 变为 $|1\rangle$，$|1\rangle$ 变为 $|0\rangle$，量子比特的状态会变为 $\frac{1}{\sqrt{2}}|1\rangle\otimes|0\rangle+\frac{1}{\sqrt{2}}|0\rangle\otimes|1\rangle$，也写作 $\frac{1}{\sqrt{2}}|10\rangle+\frac{1}{\sqrt{2}}|01\rangle$。

如果 Alice 想要发送 10，她使用了 $\boldsymbol{Z}$ 门，这不改变 $|0\rangle$，但是将她的 $|1\rangle$ 变为了 $-|1\rangle$，量子比特的状态会变为 $\frac{1}{\sqrt{2}}|0\rangle\otimes|0\rangle+\frac{1}{\sqrt{2}}(-|1\rangle)\otimes|1\rangle$，也写作 $\frac{1}{\sqrt{2}}|00\rangle-\frac{1}{\sqrt{2}}|11\rangle$。

如果 Alice 想要发送 11，她使用了 $\boldsymbol{Y}$ 门，量子比特变为了纠缠态 $\frac{1}{\sqrt{2}}|10\rangle-\frac{1}{\sqrt{2}}|01\rangle$。

注意，这些结果状态是不同种类的贝尔基向量，这正是 Alice 想要的。现在，她向 Bob 发送她的电子。当 Bob 拥有她的电子时，他可以将 Alice 发送的量子比特和他一直拥有的量子比特输入到一个电路中，这个电路是反贝尔电路。

如果 Alice 发送的是 00，当 Bob 收到量子比特时，它们处于状态 $\frac{1}{\sqrt{2}}|00\rangle+\frac{1}{\sqrt{2}}|11\rangle$，他将其输入到反贝尔电路中，这会使量子比特状态变为 $|00\rangle$，而且处于非纠缠态，量子电路顶部的比特和

底部的比特都是$|0\rangle$。现在，Bob 测量这对量子比特，得到了 00。

如果 Alice 发送的是 01，当 Bob 收到量子比特时，它们处于状态$\frac{1}{\sqrt{2}}|10\rangle+\frac{1}{\sqrt{2}}|01\rangle$，他将其输入到反贝尔电路中，这会使量子比特状态变为$|01\rangle$，而且处于非纠缠态，量子电路顶部的比特是$|0\rangle$，底部的比特是$|1\rangle$。现在，Bob 测量这对量子比特，得到了 01。其他情况是相似的，每种情况下 Bob 都得到了 Alice 想发送给他的两个比特。

7.10 量子隐形传态

就像在超密编码中的情况一样，Alice 和 Bob 相距很远，他们每个人都有一个电子，这两个电子处于纠缠态$\frac{1}{\sqrt{2}}|00\rangle+\frac{1}{\sqrt{2}}|11\rangle$。Alice 还有另一个电子，它的状态是$a|0\rangle+b|1\rangle$。Alice 并不知道概率振幅$a$和$b$的值，但她和 Bob 想要改变 Bob 手中的电子，使得它也处于状态$a|0\rangle+b|1\rangle$，也就是说，他们想把 Alice 的电子传输给 Bob。为此，Alice 需要向 Bob 发送两个经典比特。但注意，她所持的电子的初始状态存在无穷多种可能性，而我们只使用两个经典比特就可以表示这无穷多种可能性之一，这给人留下了深刻的印象。同样有趣的是，Alice 和 Bob 先后拥有了该量子比特，但他们都不能确切地知道它的值。要了解它的值，必须进行测量。而当他们进行测量时，仅得到$|0\rangle$或$|1\rangle$。

我们可以推测出一些关于该过程是如何工作的信息。在过程结束时，Bob 将得到一个处于非纠缠态的电子 $a|0\rangle+b|1\rangle$ ，而在过程开始时，Bob 和 Alice 的电子处于纠缠态。要解开纠缠，必须有人进行测量。显然，这个人不能是 Bob。如果 Bob 进行测量，他将得到一个处于 $|0\rangle$ 或 $|1\rangle$ 状态的电子，而不是他所需要的 $a|0\rangle+b|1\rangle$ 。因此，我们知道 Alice 将进行测量。我们还需要使第三个电子参与这个过程。Alice 将去做一些事情，使得这个电子与她的另一个电子变为纠缠的，她的另一个电子目前与 Bob 的电子处于纠缠态。一个显然能达到该目标的方法是将她控制的两个量子比特输入 CNOT 门，这是第一步。第二步是将 Hadamard 门作用于顶部的量子比特。所以，事实上，Alice 将她控制的两个量子比特输入了反贝尔电路。描述该过程的图例如下，其中，Alice 的量子比特显示在 Bob 的量子比特上方，第二行和第三行描述了纠缠态的量子比特。

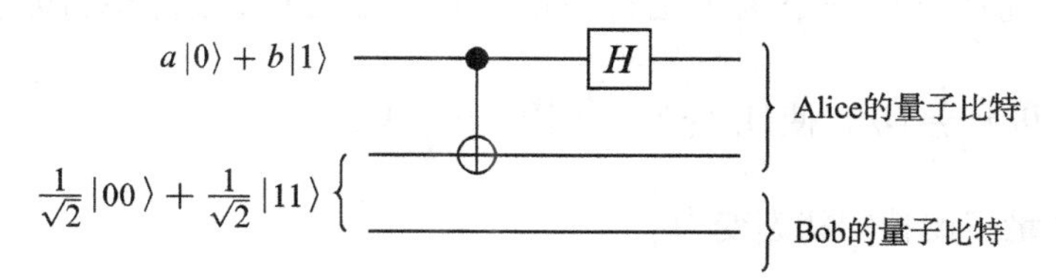

我们现在有三个量子比特，它们的初始状态可以被描述为

$$(a|0\rangle+b|1\rangle)\otimes\left(\frac{1}{\sqrt{2}}|00\rangle+\frac{1}{\sqrt{2}}|11\rangle\right)$$

也可以写作

$$\frac{a}{\sqrt{2}}|000\rangle+\frac{a}{\sqrt{2}}|011\rangle+\frac{b}{\sqrt{2}}|100\rangle+\frac{b}{\sqrt{2}}|111\rangle$$

Alice 将要操作她的量子比特，为强调这点，我们将状态记作

$$\frac{a}{\sqrt{2}}|00\rangle\otimes|0\rangle+\frac{a}{\sqrt{2}}|01\rangle\otimes|1\rangle+\frac{b}{\sqrt{2}}|10\rangle\otimes|0\rangle+\frac{b}{\sqrt{2}}|11\rangle\otimes|1\rangle$$

Alice 将使用反贝尔电路。我们分两步进行分析，首先 CNOT 门将作用于前两个量子比特，然后 Hadamard 门将作用于顶部的量子比特。使用 CNOT 门后，得到了

$$\frac{a}{\sqrt{2}}|00\rangle\otimes|0\rangle+\frac{a}{\sqrt{2}}|01\rangle\otimes|1\rangle+\frac{b}{\sqrt{2}}|11\rangle\otimes|0\rangle+\frac{b}{\sqrt{2}}|10\rangle\otimes|1\rangle$$

Alice 接下来将操作第一个量子比特，为强调这点，我们将状态记作

$$\frac{a}{\sqrt{2}}|0\rangle\otimes|0\rangle\otimes|0\rangle+\frac{a}{\sqrt{2}}|0\rangle\otimes|1\rangle\otimes|1\rangle+\frac{b}{\sqrt{2}}|1\rangle\otimes|1\rangle\otimes|0\rangle+\frac{b}{\sqrt{2}}|1\rangle\otimes|0\rangle\otimes|1\rangle$$

我们现在对第一个量子比特使用 Hadamard 门，这会使 $|0\rangle$ 变为 $\frac{1}{\sqrt{2}}|0\rangle+\frac{1}{\sqrt{2}}|1\rangle$，使 $|1\rangle$ 变为 $\frac{1}{\sqrt{2}}|0\rangle-\frac{1}{\sqrt{2}}|1\rangle$。

三个量子比特的状态变为

$$\begin{aligned}&\frac{a}{2}|0\rangle\otimes|0\rangle\otimes|0\rangle+\frac{a}{2}|1\rangle\otimes|0\rangle\otimes|0\rangle+\frac{a}{2}|0\rangle\otimes|1\rangle\otimes|1\rangle\\&+\frac{a}{2}|1\rangle\otimes|1\rangle\otimes|1\rangle+\frac{b}{2}|0\rangle\otimes|1\rangle\otimes|0\rangle-\frac{b}{2}|1\rangle\otimes|1\rangle\otimes|0\rangle\\&+\frac{b}{2}|0\rangle\otimes|0\rangle\otimes|1\rangle-\frac{b}{2}|1\rangle\otimes|0\rangle\otimes|1\rangle\end{aligned}$$

这可以化简为

$$\frac{1}{2}|00\rangle\otimes(a|0\rangle+b|1\rangle)+\frac{1}{2}|01\rangle\otimes(a|1\rangle+b|0\rangle)$$
$$+\frac{1}{2}|10\rangle\otimes(a|0\rangle-b|1\rangle)+\frac{1}{2}|11\rangle\otimes(a|1\rangle-b|0\rangle)$$

Alice 现在将测量出她的两个电子在标准基下的表示，她会得到 $|00\rangle,|01\rangle,|10\rangle,|11\rangle$ 中的一种，测量出每种的概率都为 $\frac{1}{4}$。

如果她得到了 $|00\rangle$，Bob 的量子比特会跃迁至状态 $a|0\rangle+b|1\rangle$。

如果她得到了 $|01\rangle$，Bob 的量子比特会跃迁至状态 $a|1\rangle+b|0\rangle$。

如果她得到了 $|10\rangle$，Bob 的量子比特会跃迁至状态 $a|0\rangle-b|1\rangle$。

如果她得到了 $|11\rangle$，Bob 的量子比特会跃迁至状态 $a|1\rangle-b|0\rangle$。

Alice 和 Bob 想要 Bob 的量子比特的状态变为 $a|0\rangle+b|1\rangle$。我们几乎要达到这个目标了，但还有一点小问题。为了解决问题，Alice 必须让 Bob 知道他手上的量子比特处于四种可能情况中的哪一种。她向 Bob 发送了两个经典比特的信息，即 00、01、10 或 11，对应于她的测量结果，以使 Bob 知道他手上的量子比特的状态。这两个经典比特的信息可以使用任何方式进行传输，比如以文本形式。

如果 Bob 收到了 00，他知道了他的量子比特处于正确的状态，他不进行任何操作。

如果 Bob 收到了 01，他知道了他的量子比特处于状态 $a|1\rangle+b|0\rangle$，他将对其使用 $\boldsymbol{X}$ 门。

如果 Bob 收到了 10，他知道了他的量子比特处于状态

$a|0\rangle - b|1\rangle$，他将对其使用 $\boldsymbol{Z}$ 门。

如果 Bob 收到了 11，他知道了他的量子比特处于状态 $a|1\rangle - b|0\rangle$，他将对其使用 $\boldsymbol{Y}$ 门。

在每种情况下，Bob 的量子比特都变为了 $a|0\rangle + b|1\rangle$，这是一开始 Alice 想要传输的量子比特的状态。

我们必须指出，在过程中的任何时刻，都只有一个量子比特处于状态 $a|0\rangle + b|1\rangle$。一开始，Alice 手上的电子处于该状态。结束时，Bob 手上的量子比特处于该状态。正如非克隆定律告诉我们的那样，我们不可以克隆量子比特，因此在任意时间，他们中只有一人手上的量子比特处于该状态。

同样有趣的是，当 Alice 将她的电路作用于她的量子比特时，Bob 的量子比特瞬间跃迁到四个状态之一。他必须等待 Alice 给他发送两个经典比特，然后才能确定这四种状态中哪种对应于 Alice 原来的量子比特的状态。事实上，我们必须使用经典的传输方法传输两个比特的信息，这阻止了信息的瞬时传输。

量子隐形传态和超密编码有时被认为是互逆的运算。对于超密编码，Alice 向 Bob 发送一个量子比特来传输两个经典比特的信息。对于量子隐形传态，Alice 向 Bob 发送两个经典比特的信息来传输一个量子比特。对于超密编码，Alice 使用 Pauli 变换进行编码，Bob 使用反贝尔电路进行解码。对于量子隐形传态，Alice 使用反贝尔电路进行编码，Bob 使用 Pauli 变换进行解码。

现在投入使用的量子隐形传态技术通常使用纠缠的光子而不是纠缠的电子，并可以在相当远的距离外完成。在作者写这本书的时候，中国的团队已经把量子从地球传输到了低地球轨道的卫星上。这些实验经常在新闻节目上提及，因为“隐形传态”这个词，它总让我们想到“星际迷航”。不幸的是，量子隐形传态并不是一项很容易解释的技术，虽然很多人听说过这个术语，但并没有很多人完全理解这项技术。

量子隐形传态提供了一种将量子比特从一个地方传输到另一个地方而无须实际传输表示该量子比特的粒子的方法。它在纠错上用途广泛，这对量子计算来说非常重要，量子比特具有与环境交互并损毁的倾向。我们不会详细研究纠错，而是仅举一个简单的例子。

7.11 纠错

在 CD 出现之前，我还是一名学生，我们听黑胶唱片。为播放一份唱片，我们需要举行复杂的仪式。首先，唱片从它的盒子中轻轻地滑出，我们要小心地抓住它的边缘并且不在它的表面留下任何指纹。然后，将唱片放到唱盘上。下一步是清除灰尘，这通常涉及抗静电喷雾和特殊清洁刷。最后，我们要对齐唱针，并小心翼翼地把它降到唱片上。

即使采取了这些预防措施，也常常会出现由看不见的灰尘或一些微小缺陷引起的滴答声和砰砰声。如果你意外地刮伤了它，你每分钟会听见三十三次砰砰声，这使得音乐无法听清。然后 CD 出现了，砰砰声消失了。你甚至可以刮伤 CD 表面，而它仍然可以完美地演奏，这令人难以置信。

黑胶唱片没有内置纠错功能。如果你损坏了它们，就无法恢复原来的音效。另一方面，CD 包含纠错功能。如果存在一些小缺陷，数字纠错码通常可以算出错误的位置并纠正它。

数字编码信息涉及两种基本思想。第一种思想是消除冗余并尽可能地压缩信息——使信息尽可能短。一个典型的例子是制作一个文件的压缩版。(有些人不喜欢 CD，因为他们认为 CD 中的音乐被过度压缩，失去了黑胶所带来的温暖。) 第二种重要的思想是重新加入一些有用的冗余。你想要添加一些可以帮助纠错的额外信息。

现在，几乎所有的数字信息的传输都会使用某种形式的纠错码。在很多情况下，消息会轻微受损，当我们得到一条略有损坏的消息时，我们希望它能被修复。

纠错对于量子比特的传输至关重要。我们使用光子和电子来编码量子比特，这些粒子会与宇宙中的其他部分相互作用，多余的相互作用可能会改变量子比特的状态。

在本节中，我们会学习最基本的经典纠错码，并对它进行修改，使其适用于量子比特的传输。

1. 重复码

一种简单的纠错码是重复我们想要发送的符号。最简单的情况是将符号重复三次。如果 Alice 想发送 0，那么她发送 000。如果 Alice 想发送 1，那么她发送 111。如果 Bob 得到的是三个 0 和三个 1 组成的序列，他认为一切正常。如果他收到了别的东西，比如 101，那么他知道发生了错误。这个串应该是 000 或 111。如果 Alice 发送的是 000，那么发生了两次错误。如果 Alice 发送的是 111，那么只发生了一次错误。如果错误不常发生，则更有可能只发生了一次错误而不是发生了两次错误，因此，Bob 假设发生了最少次数的错误，因此将 101 替换成了 111。

Bob 接收到的三比特串具有 8 种可能性。其中 4 种是 000、001、010 和 100，Bob 将它们解码为 000。另外的 4 种是 111、110、101 和 011，Bob 将它们解码为 111。如果错误的概率是非常小的，那这种纠错码能纠正很多错误并降低整体错误率。这种想法很直观，但我们将以一种能推广到量子比特的角度来分析 Bob 所做的事。量子比特的问题是：为了读取它们，我们必须进行测量，而测量可能会使量子比特跃迁至新状态。我们需要一种新方法来确定 Bob 应该做的事。他将进行奇偶测试。

现在，假设 Bob 收到了三个比特 $b_0b_1b_2$。我们将进行一些计算，以得出哪些位是应该被修改的(如果有的话)。我们会计算 $b_0 \oplus b_1$ 和 $b_0 \oplus b_2$。

第一个和检查了前两位的奇偶性，即检查了它们是否是相同的数字。第二个和检查了第一位和第三位数的奇偶性。

如果三个比特都为 0 或都为 1，那么我们得到的两个和都为 0。如果三个比特不全相同，那么有两个会是一样的，而第三个是不一样的。我们需要把第三个符号从 0 翻转到 1 或者从 1 翻转到 0。

如果 $b_0 = b_1 \neq b_2$，那么 $b_0 \oplus b_1 = 0$ 且 $b_0 \oplus b_2 = 1$。

如果 $b_0 = b_2 \neq b_1$，那么 $b_0 \oplus b_1 = 1$ 且 $b_0 \oplus b_2 = 0$。

如果 $b_0 \neq b_1 = b_2$，那么 $b_0 \oplus b_1 = 1$ 且 $b_0 \oplus b_2 = 1$。

这意味着 Bob 可以通过两对比特 $b_0 \oplus b_1$ 和 $b_0 \oplus b_2$ 来确定自己应该做的事。

如果他得到了 00，那么没有需要修改的比特，因此他不做任何事。

如果他得到了 01，那么他将翻转 b_2。

如果他得到了 10，那么他将翻转 b_1。

如果他得到了 11，那么他将翻转 b_0。

我们来看看如何修改这种纠错思想，使得它可以用于量子比特。但在修改这种思想之前，我们有一个重要的发现，它看起来似乎微不足道，但它是量子比特翻转校验的工作原理。

假设 Bob 收到了一个串，并且第一位比特上发生了错误。这意味着他收到了 011 或 100。对于这两个串，Bob 在奇偶测试后都会获得 11，并且会知道第一位中存在错误。关键性的发现是奇偶测试告诉了我们错误在哪里，但没有告诉我们是将 0 翻转为 1 还是将 1 翻转为 0。

2. 量子比特翻转校验

Alice 想要把量子比特 $a|0\rangle+b|1\rangle$ 发送给 Bob。在传输过程中，存在多种可能发生的错误，但我们把注意力放在比特翻转上。在这种情况下，$a|0\rangle+b|1\rangle$ 变成了 $a|1\rangle+b|0\rangle$。

Alice 想要发送三份她的量子比特的拷贝。当然，这是不可能的。非克隆定理告诉我们，她无法完成拷贝。但是，她可以执行与经典扇出本质一样的操作，用 $|000\rangle$ 替代 $|0\rangle$，用 $|111\rangle$ 替代 $|1\rangle$。这是通过两个 CNOT 门完成的，如下面的电路所示。

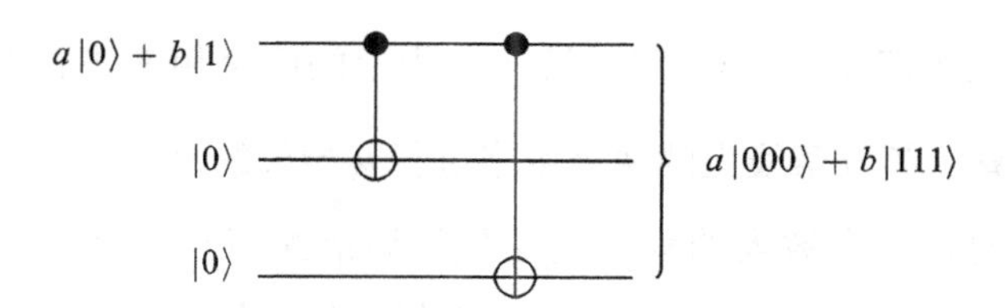

她从三个量子比特开始，其中一个量子比特是她想要编码的，另外两个辅助比特都是 $|0\rangle$，所以初始状态是 $(a|0\rangle+b|1\rangle)|0\rangle|0\rangle=a|0\rangle|0\rangle|0\rangle+b|1\rangle|0\rangle|0\rangle$。第一个 CNOT 门将其变为 $a|0\rangle|0\rangle|0\rangle+b|1\rangle|1\rangle|0\rangle$，第二个 CNOT 门将其变为我们所需要的状态 $a|0\rangle|0\rangle|0\rangle+b|1\rangle|1\rangle|1\rangle$。

然后，Alice 将三个量子比特发送给 Bob。但是信道很嘈杂，量子比特可能被翻转。Bob 可能会接收到正确的量子比特 $a|000\rangle+b|111\rangle$，或者他会接收到以下非正确形式中的一种——$a|100\rangle+b|011\rangle$、$a|010\rangle+b|101\rangle$ 或 $a|001\rangle+b|110\rangle$，这些非正确形式分别对应了错误出现在第一位、第二位和第三位量子比特。他希望能检测到错误并纠正。注意，他无法对这种纠缠态进行任何测量。如果他进行了测量，状态将立即变为非纠缠的，他只得到了三个量子比特，它们是 $|0\rangle$ 和 $|1\rangle$ 的某种组合——而 a 和 b 的值丢失了，我们无法对它们进行复原。

Bob 能确定哪个比特被翻转并纠正它，但并不对 Alice 发送给他的三个量子比特进行测量，这看起来很令人吃惊！但他确实能做到。他运用了我们用于经典比特的奇偶校验的想法。

他增加了两个执行奇偶校验的量子比特，并使用了如下电路。

该电路包含四个 CNOT 门，第四条线上的两个用来进行 $b_0 \oplus b_1$ 的奇偶运算，第五条线上的两个用来进行 $b_0 \oplus b_2$ 的奇偶运算。看到这个电路时，大多数人的第一反应是认为最终得到了令人绝望的五个纠缠的量子比特。但我画出的图片表明，底部的两个量子比特并没有与前三个量子比特纠缠在一起。真的是这样的吗？

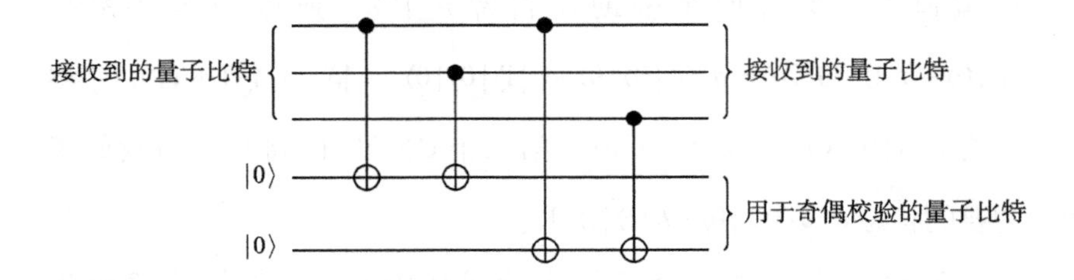

假设 Bob 接收到了 $a|c_0c_1c_2\rangle + b|d_0d_1d_2\rangle$。关键性的发现是，如果存在一个错误，那么错误同时存在于 $c_0c_1c_2$ 和 $d_0d_1d_2$，并发生在相同的位置。当我们使用奇偶校验时，两个串给出了相同的结果。

为了说明发生了什么，让我们来看看 Bob 的电路，暂时忽略第五根导线。输入的前四个量子比特是

$$(a|c_0c_1c_2\rangle + b|d_0d_1d_2\rangle)|0\rangle = a|c_0c_1c_2\rangle|0\rangle + b|d_0d_1d_2\rangle|0\rangle$$

属于第四根导线的两个 CNOT 门对前两个数字进行了奇偶校验。因为 $c_0 \oplus c_1 = d_0 \oplus d_1$，所以电路右侧的四个量子比特会成为以下两种状态中的一种。

如果 $c_0 \oplus c_1 = d_0 \oplus d_1 = 0$，那它们的状态为 $a|c_0c_1c_2\rangle|0\rangle + b|d_0d_1d_2\rangle|0\rangle = (a|c_0c_1c_2\rangle + b|d_0d_1d_2\rangle)|0\rangle$。

如果 $c_0 \oplus c_1 = d_0 \oplus d_1 = 1$ ，那它们的状态为 $a|c_0c_1c_2\rangle|1\rangle + b|d_0d_1d_2\rangle|1\rangle = (a|c_0c_1c_2\rangle + b|d_0d_1d_2\rangle)|1\rangle$ 。

在这两种情况下，第四个量子比特都不会与前三个量子比特纠缠。

类似的分析也适用于第五个量子比特，它也不会与其他量子比特纠缠。如果 $c_0 \oplus c_2 = d_0 \oplus d_2 = 0$ ，它将为 $|0\rangle$ ；如果 $c_0 \oplus c_2 = d_0 \oplus d_2 = 1$ ，它将为 $|1\rangle$ 。

由于底部两个量子比特不与前三个量子比特纠缠，因此 Bob 可以对底部的两个量子比特进行测量，并且这不改变前三个量子比特的状态。这正是他所做的：

如果他得到 00，那么没什么是需要纠正的，所以他不进行操作。

如果他得到 01，那么他会在第三根导线上安装一个 ***X*** 门来翻转第三个量子比特。

如果他得到 10，那么他会在第二根导线上安装一个 ***X*** 门来翻转第二个量子比特。

如果他得到 11，那么他会在第一根导线上安装一个 ***X*** 门来翻转第一个量子比特。

结果，比特翻转错误被纠正，量子比特又回到了 Alice 发送的状态。

在本章中，我们介绍了量子门和量子电路的概念，看到了仅使用几个量子门就能实现的一些令人惊讶的事情，还知道了量子计算囊括了所有的经典计算。这并不意味着我们将使用量子计算机来执行经典计算，但它确实告诉了我们，量子计算是更基本的计算形式。

我们将看到的下一个主题是：我们是否可以使用量子电路来执行比经典电路更快的计算。 如何衡量计算的速度？量子计算机总是比经典计算机快吗？这些问题是我们将在下一章中讨论的。

第8章

量子算法

我们常说量子算法比经典算法要快得多，认为其中的加速是因为能够将输入放入所有可能输入的叠加态中，然后对叠加态执行算法。通过“量子并行性”，你可以在所有可能的输入上同时运行算法，而不是像经典算法那样只在一个输入上运行算法，但这留下了许多悬而未决的问题。在算法的最后，我们似乎得到了许多可能的答案，但这些答案都叠加在一起，如果对其进行测量，我们不就随机得到其中一个答案吗？然而错误的答案远比正确的答案多，所以我们最终得到错误答案的可能性不是比得到正确答案的可能性更大吗？

显然，量子算法不仅把所有的输入放在一个叠加态中，更重要的是能够操纵这些叠加态，这样当我们进行测量时，就能得到一个有用的答案。在本章中，我们将研究三个量子算法，看看它们是如何解决这个问题的。我们将看到并非每个算法都容易受到量子加速的影响，而且量子算法并不是已经加速的经典算法，它们涉及与量子相关的思想，这种思想能以一种新的视角来看待问题。这些量子算法不是通过使用蛮力来运行的，而是通过巧妙地利用只能从量子角度看到的基础模式。

我们将详细描述三个算法。这三个算法都是对基础数学模式的巧妙使用。当我们依次学习这三个算法时，难度会逐渐递增。有些数学教材会为困难的章节标记一个星号，为更难的章节标记两个星号。如果我们也效仿这种方式，那么 Deutsch-Jozsa 算法是一星难度，而 Simon 算法是二星难度。

在本章的最后，我们将讨论一些问题必须具备的性质，以便说明为什么量子算法比经典算法更快地解出它们，以及为什么它们看起来如此困难！但首先我们必须要描述如何测量算法的速度。

8.1 P 与 NP

假设你需要解答以下四个问题，而且不能使用计算器或电脑，只能用纸和笔。

- 找到两个大于 1 的整数，且它们的乘积等于 35。
- 找到两个大于 1 的整数，且它们的乘积等于 187。
- 找到两个大于 1 的整数，且它们的乘积等于 2407。
- 找到两个大于 1 的整数，且它们的乘积等于 88 631。

回答第一个问题不会有太大的困难，但是后面的问题一个比一个困难，而且我们会采取更多的步骤，因此需要更多的时间来解决。在详细分析之前，考虑另外四个问题。

- 7 乘以 5，验证乘积是否等于 35。

- 11 乘以 17，验证乘积是否等于 187。
- 29 乘以 83，验证乘积是否等于 2407。
- 337 乘以 263，验证乘积是否等于 88 631。

毫无疑问，第二组问题比第一组问题更容易回答。同样，第二组中后面的每个问题都比前一个问题需要更多的时间来解决，但时间增长的速度相对来说会慢一点。即使是第四个问题，通过手算也不到一分钟就能解决。

我们用 n 表示输入数的位数，所以在第一组问题中，从 $n=2$ 开始，一直到 $n=5$。

我们用 $T(n)$ 表示时间或步骤数，用于解决输入长度为 n 的问题。复杂性考察 $T(n)$ 的大小如何随着 n 的增长而增长。特别地，我们想要知道能否找到正数 k 和 p，使得对于每个 n，都满足不等式 $T(n) \leqslant kn^p$。如果能找到，我们就说这个问题可以在**多项式时间**内解决。另一方面，如果我们能找到正数 k 和 $c>1$，使得对于每个 n，都满足不等式 $T(n)>kc^n$，我们就说求解这个问题需要**指数时间**。回忆一下关于多项式与指数增长的基本事实：给定足够的时间，指数增长会比多项式增长得更快。在计算机科学中，在多项式时间内解决的问题被认为是易处理的，而那些指数增长的问题则不是。可以在多项式时间内求解的问题被认为是简单的，那些需要指数时间才能解决的问题是困难的。实际上，大多数多项式时间解决的问题只涉及低阶多项式。因此，即使目前我们没有计算能力来解决一个 n 值很大的问题，但也应该在几年内拥有这样的能力。另一方面，对于指数时间问题，一旦 n 的大小增加到超出我们目前所能处理的范围，即便 n 增加一点点，也会产生一个更加困难的问题，并且在可预见的未来都不太可能被解决。

看看之前的两组问题。第二组问题要求将两个数相乘，这很容易做到。随着 n 的增加，确实需要更多的时间，但可以证明这是一个多项式时间问题。第一组问题呢？如果你试着去解决它们，所需要的时间是 n 的指数，而不是 n 的多项式，但情况真的是这样吗？每个人都这么认为，但没有人能找到证据。

1991 年，RSA 实验室提出了一个挑战。它列出了很多大数，且每一个大数都是两个质数的乘积。挑战在于如何分解这些大数，它们是从 100 位到 600 位的十进制数。你当然可以使用电脑！第一个分解完它们的人将获得奖品。100 位的大数分解相对比较快，但 300 位或更多位的大数却没有被分解。

如果一个问题能在多项式时间内求解，我们说它属于 P 复杂性类，所以把两个数相乘的问题属于 P。假设不是解决问题，而是有人给你答案，你只需要验证答案是否正确。如果验证答案是否正确的过程需要多项式时间，那么我们说这个问题属于 NP[⊖]复杂性类。把一个大数分解成两个质数乘积的问题属于 NP。

显然，验证答案是否正确比实际找到答案更容易，所以 P 中的每一个问题都属于 NP，但是相反的问题呢？每个 NP 问题都属于 P 吗？每一个其答案可以在多项式时间内验证的问题也可以在多项式时间内求解，这是真的吗？你可能会对自己说："当然不是！"大多数人都认为这似乎极不可能，但没有人能证明 P 不等于

⊖ NP 源于非确定性多项式（nondeterministic polynomial），而非确定性多项式指的是一类图灵机，即非确定性图灵机。

NP。把一个大数分解成两个质数的乘积的问题属于NP，我们不认为它属于P，但是没有人能证明。

NP是否等于P是计算机科学中最重要的问题之一。2000年，克雷数学研究所列出了7个“千禧年大奖难题”，解答出每个问题都能获得100万美元的奖金。P与NP问题正是七个问题之一。

8.2 量子算法是否比经典算法快

大多数量子计算机科学家认为P不等于NP，他们甚至还认为存在属于NP而不属于P的问题，而量子计算机可以在多项式时间内解决这些问题，这意味着量子计算机可以在多项式时间内解决一些经典计算机无法解决的问题。然而，要证明这一点，首先要证明某个问题属于NP而不属于P，正如我们所见，没有人知道如何证明。那么，我们如何比较量子算法和经典算法的速度呢？有两种方法：一种是理论的，另一种是实践的。理论的方法是发明一种新的度量复杂性的方法，使证明更容易构造。实践的方法是构造量子算法在多项式时间内解决重要的现实问题，而我们相信但是无法证明这些问题不属于P。

第二种方法的一个例子是Shor分解算法。Peter Shor构造了一个在多项式时间内运行的量子算法。我们相信经典算法不能在多项式时间内做到这一点，但一直无法证明。为什么这很重要？因为我们的互联网安全依赖于此。也就是说，在本章的剩余部分中，我们将采用第一种方法——定义一种度量复杂性的新方法。

8.3 查询复杂性

本章要讲的所有算法都是关于估计函数的。Deutsch 和 Deutsch-Jozsa 算法考虑函数属于两类函数中的哪一类。我们随机得到一个函数，必须确定这个函数属于两类中的哪一类。Simon 算法涉及一种特殊类型的周期函数。我们还是随机得到这些函数中的一个，需要确定它的周期。

我们运行这些算法时必须估计函数。**查询复杂性**计算了为得到答案我们必须对函数估计的次数，该函数有时被称为**黑盒**或 **oracle**（神谕）。与其说我们在估计函数，还不如说我们是在查询黑盒或 oracle。重点是我们不必担心如何编写算法模拟函数，我们不需要计算函数估计输入所需的步骤数。我们只记录查询 oracle 的次数，这要简单得多。为了说明这一点，我们从最基本的例子开始。

8.4 Deutsch 算法

大卫·杜齐（David Deutsch）是量子计算的创始人之一。1985 年，他发表了一篇具有里程碑意义的论文，描述了量子图灵机和量子计算[⊖]。这篇论文还包括第一个表明量子算法可以比经典算法更快的算法。

这是一个只有一个变量的函数，输入为 0 或 1，输出也为 0

⊖ "Quantum theory, the Church-Turing principle and the universal quantum computer", *Proceedings of the Royal Society A* 400 (1818): 97–117.

或 1。这样的函数共有四个，分别记为f_0、f_1、f_2和f_3：

对于函数f_0，输入 0 和 1，输出都是 0，即$f_0(0)=0$和$f_0(1)=0$。

对于函数f_1，输入 0 则输出 0，输入 1 则输出 1，即$f_1(0)=0$和$f_1(1)=1$。

对于函数f_2，输入 0 则输出 1，输入 1 则输出 0，即$f_2(0)=1$和$f_2(1)=0$。

对于函数f_3，输入 0 和 1，输出都是 1，即$f_3(0)=1$和$f_3(1)=1$。

函数f_0和f_3称为**常值函数**。对于两个输入，输出都是相同的值。如果一个函数一半的输出是 0，另一半的输出是 1，那么就称这个函数为**平衡函数**。f_1和f_2就是平衡函数。

Deutsch 提出的问题是：随机给定这四个函数中的一个，我们需要查询多少次才能确定这个函数是常值函数还是平衡函数？理解我们在问什么很重要。我们不关心我们得到的是四个函数中的哪一个，只关心给定的函数是常值函数还是平衡函数。

经典分析如下：我们可以计算给定函数在 0 或 1 处的值。假设我们代入 0 求值，那么有两种可能的结果：要么得到 0，要么得到 1。如果得到 0，我们只知道$f(0)=0$。函数可以是f_0，也可以是f_1。一个是常值函数，而另一个是平衡函数。因此，我们还需查询一次才能决定。经典计算中，为了回答这个问题，我们必须把 0 和 1 都代入函数，所以需要做两次查询。

现在我们来看这个问题的量子版本。首先，我们构造了对应于这四个函数的门。下图描述了这些门，其中i可取 0、1、2 或 3。

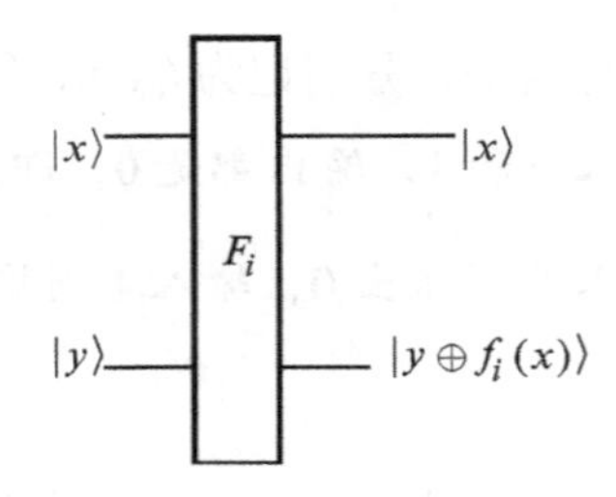

也就是说：

如果我们输入 $|0\rangle \otimes |0\rangle$，它就输出 $|0\rangle \otimes |f_i(0)\rangle$。

如果我们输入 $|0\rangle \otimes |1\rangle$，它就输出 $|0\rangle \otimes |f_i(0) \oplus 1\rangle$。

如果我们输入 $|1\rangle \otimes |0\rangle$，它就输出 $|1\rangle \otimes |f_i(1)\rangle$。

如果我们输入 $|1\rangle \otimes |1\rangle$，它就输出 $|1\rangle \otimes |f_i(1) \oplus 1\rangle$。

注意，对于每一个 i，$f_i(0)$ 和 $f_i(0) \oplus 1$ 中的一个等于 0，另一个等于 1；而 $f_i(1)$ 和 $f_i(1) \oplus 1$ 中的一个等于 0，另一个等于 1。这意味着这四个输出总是标准基的元素，表示门的矩阵是正交的，而且这样的门确实存在。

虽然我们输入两量子比特信息并得到两量子比特输出，但这些门给量子比特 $|0\rangle$ 和 $|1\rangle$ 提供的信息与函数在 0 和 1 处的函数值是完全相同的。顶部的量子比特才是我们真正的输入，所以第一个输出并没有新的信息。第二个输入可以选 $|0\rangle$ 或 $|1\rangle$，不同的选择使得第二个输出要么是顶部输入的函数值，要么是顶部输入的函数值的相反值。

与经典问题相对应的量子计算问题是：给定这四个门中的任意一个，你要用这个门多少次才能确定函数 f_i 是常值函数还是平衡函数？

如果我们限制只在门中输入$|0\rangle$和$|1\rangle$，那么分析和之前完全一样，你必须使用这个门两次。但是大卫·杜齐指出：如果允许我们输入包含$|0\rangle$和$|1\rangle$的量子叠加态，门只需要使用一次。为了证明这一点，他使用了如下电路。

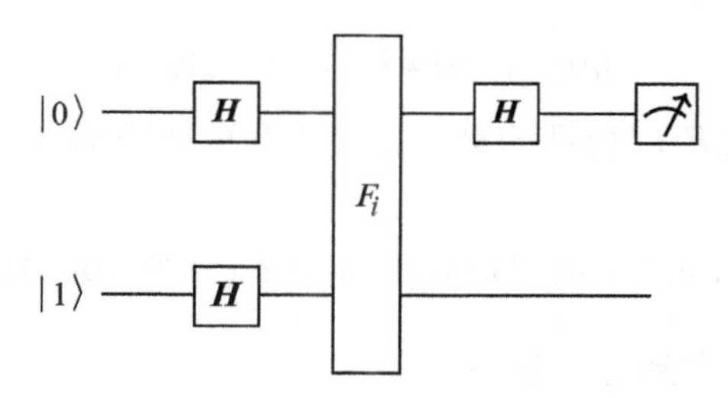

顶部导线右端的小仪表符号表示测量量子比特。第二根导线上没有小仪表符号，说明我们不会测量第二个量子比特。让我们看看这个电路是如何工作的。

$|0\rangle\otimes|1\rangle$是输入，经过 Hadamard 门，得到如下状态

$$\frac{1}{\sqrt{2}}(|0\rangle+|1\rangle)\otimes\frac{1}{\sqrt{2}}(|0\rangle-|1\rangle)=\frac{1}{2}(|00\rangle-|01\rangle+|10\rangle-|11\rangle)$$

然后经过F_i门，量子态变成

$$\frac{1}{2}(|0\rangle\otimes|f_i(0)\rangle-|0\rangle\otimes|f_i(0)\oplus 1\rangle+|1\rangle\otimes|f_i(1)\rangle-|1\rangle\otimes|f_i(1)\oplus 1\rangle)$$

重新排列，可得到如下状态

$$\frac{1}{2}(|0\rangle\otimes(|f_i(0)\rangle-|f_i(0)\oplus 1\rangle)+|1\rangle\otimes(|f_i(1)\rangle-|f_i(1)\oplus 1\rangle))$$

我们观察到，$|f_i(0)\rangle-|f_i(0)\oplus1\rangle$ 要么是 $|0\rangle-|1\rangle$，要么是 $|1\rangle-|0\rangle$，取决于 $f_i(0)$ 是 0 还是 1。所以我们可以巧妙地写成如下形式

$$|f_i(0)\rangle-|f_i(0)\oplus1\rangle=(-1)^{f_i(0)}(|0\rangle-|1\rangle)$$

同理可得

$$|f_i(1)\rangle-|f_i(1)\oplus1\rangle=(-1)^{f_i(1)}(|0\rangle-|1\rangle)$$

那么之前经过 F_i 门得到的量子态可以写成如下形式

$$\frac{1}{2}(|0\rangle\otimes((-1)^{f_i(0)}(|0\rangle-|1\rangle))+|1\rangle\otimes((-1)^{f_i(1)}(|0\rangle-|1\rangle)))$$

重新排列，可得到如下状态

$$\frac{1}{2}((-1)^{f_i(0)}|0\rangle\otimes((|0\rangle-|1\rangle))+(-1)^{f_i(1)}|1\rangle\otimes((|0\rangle-|1\rangle)))$$

那么有

$$\frac{1}{2}((-1)^{f_i(0)}|0\rangle+(-1)^{f_i(1)}|1\rangle)\otimes(|0\rangle-|1\rangle)$$

最后可得

$$\frac{1}{\sqrt{2}}((-1)^{f_i(0)}|0\rangle+(-1)^{f_i(1)}|1\rangle)\otimes\frac{1}{\sqrt{2}}(|0\rangle-|1\rangle)$$

可见两个量子比特是非纠缠的，且顶部的量子比特有如下形式

$$\frac{1}{\sqrt{2}}((-1)^{f_i(0)}|0\rangle+(-1)^{f_i(1)}|1\rangle)$$

让我们检查一下 f_i 的四种可能性中的每一种状态：

对于f_0，我们有$f_0(0)=f_0(1)=0$，所以量子比特是$\left(\frac{1}{\sqrt{2}}\right)(|0\rangle+|1\rangle)$。

对于f_1，我们有$f_1(0)=0$和$f_1(0)=1$，所以量子比特是$\left(\frac{1}{\sqrt{2}}\right)(|0\rangle-|1\rangle)$。

对于f_2，我们有$f_2(0)=1$和$f_2(0)=0$，所以量子比特是$\left(\frac{-1}{\sqrt{2}}\right)(|0\rangle-|1\rangle)$。

对于f_3，我们有$f_3(0)=f_3(1)=1$，所以量子比特是$\left(\frac{-1}{\sqrt{2}}\right)(|0\rangle+|1\rangle)$。

电路的下一步是把量子比特通过Hadamard门。这个门把$\left(\frac{1}{\sqrt{2}}\right)(|0\rangle+|1\rangle)$转换成$|0\rangle$，把$\left(\frac{1}{\sqrt{2}}\right)(|0\rangle-|1\rangle)$转换成$|1\rangle$。所以我们知道：

如果$i=0$，那么量子比特是$|0\rangle$。

如果$i=1$，那么量子比特是$|1\rangle$。

如果$i=2$，那么量子比特是$-|1\rangle$。

如果$i=3$，那么量子比特是$-|0\rangle$。

我们现在用标准基来测量量子比特：如果i是0或者3，我们将得到0；如果i是1或者2，我们将得到1。当然，f_0和f_3是常值函数，f_1和f_2是平衡函数。所以，如果在测量后得到0，我们就可以确定原始函数是常值函数；如果得到1，我们知道原始函数是平衡函数。

因此，我们只需要查询oracle一次，而不是两次。因而，对于 Deutsch 的问题，使用量子算法会稍微加快速度。虽然这个算法没有实际的应用，但是，正如我们之前提到的，它是第一个证明量子算法比经典算法更快的例子。

我们将详细研究另外两种量子算法，它们都包含输入大量的量子比特，然后将每个量子比特通过 Hadamard 门。我们略微多引入了一些数学知识以避免描述多量子比特的叠加态变得过于笨拙。

8.5 Hadamard 矩阵的 Kronecker 积

我们知道 Hadamard 门的矩阵表示如下：

$$\boldsymbol{H}=\begin{bmatrix}\frac{1}{\sqrt{2}} & \frac{1}{\sqrt{2}}\\ \frac{1}{\sqrt{2}} & -\frac{1}{\sqrt{2}}\end{bmatrix}=\frac{1}{\sqrt{2}}\begin{bmatrix}1 & 1\\ 1 & -1\end{bmatrix}$$

这告诉我们

$$\boldsymbol{H}=(|0\rangle)=\frac{1}{\sqrt{2}}\begin{bmatrix}1 & 1\\ 1 & -1\end{bmatrix}\begin{bmatrix}1\\ 0\end{bmatrix}=\frac{1}{\sqrt{2}}\begin{bmatrix}1\\ 1\end{bmatrix}=\frac{1}{\sqrt{2}}\begin{bmatrix}1\\ 0\end{bmatrix}+\frac{1}{\sqrt{2}}\begin{bmatrix}0\\ 1\end{bmatrix}=\frac{1}{\sqrt{2}}|0\rangle+\frac{1}{\sqrt{2}}|1\rangle$$

以及

$$\boldsymbol{H}=(|1\rangle)=\frac{1}{\sqrt{2}}\begin{bmatrix}1 & 1\\ 1 & -1\end{bmatrix}\begin{bmatrix}0\\ 1\end{bmatrix}=\frac{1}{\sqrt{2}}\begin{bmatrix}1\\ -1\end{bmatrix}=\frac{1}{\sqrt{2}}\begin{bmatrix}1\\ 0\end{bmatrix}-\frac{1}{\sqrt{2}}\begin{bmatrix}0\\ 1\end{bmatrix}=\frac{1}{\sqrt{2}}|0\rangle-\frac{1}{\sqrt{2}}|1\rangle$$

假设我们输入两个量子比特，并且都通过 Hadamard 门的作用。四个基向量的变换如下：

$|0\rangle\otimes|0\rangle$ 变换成

$$\left(\frac{1}{\sqrt{2}}|0\rangle+\frac{1}{\sqrt{2}}|1\rangle\right)\otimes\left(\frac{1}{\sqrt{2}}|0\rangle+\frac{1}{\sqrt{2}}|1\rangle\right)=\frac{1}{2}(|00\rangle+|01\rangle+|10\rangle+|11\rangle)$$

$|0\rangle\otimes|1\rangle$ 变换成

$$\left(\frac{1}{\sqrt{2}}|0\rangle+\frac{1}{\sqrt{2}}|1\rangle\right)\otimes\left(\frac{1}{\sqrt{2}}|0\rangle-\frac{1}{\sqrt{2}}|1\rangle\right)=\frac{1}{2}(|00\rangle-|01\rangle+|10\rangle-|11\rangle)$$

$|1\rangle\otimes|0\rangle$ 变换成

$$\left(\frac{1}{\sqrt{2}}|0\rangle-\frac{1}{\sqrt{2}}|1\rangle\right)\otimes\left(\frac{1}{\sqrt{2}}|0\rangle+\frac{1}{\sqrt{2}}|1\rangle\right)=\frac{1}{2}(|00\rangle+|01\rangle-|10\rangle-|11\rangle)$$

$|1\rangle\otimes|1\rangle$ 变换成

$$\left(\frac{1}{\sqrt{2}}|0\rangle-\frac{1}{\sqrt{2}}|1\rangle\right)\otimes\left(\frac{1}{\sqrt{2}}|0\rangle-\frac{1}{\sqrt{2}}|1\rangle\right)=\frac{1}{2}(|00\rangle-|01\rangle-|10\rangle+|11\rangle)$$

回想一下，我们可以把所有双量子比特都写成四维向量的形式。前四句话相当于：

$$\begin{bmatrix}1\\0\\0\\0\end{bmatrix}\text{变换成}\frac{1}{2}\begin{bmatrix}1\\1\\1\\1\end{bmatrix}$$

$$\begin{bmatrix}0\\1\\0\\0\end{bmatrix}\text{变换成}\frac{1}{2}\begin{bmatrix}1\\-1\\1\\-1\end{bmatrix}$$

$$\begin{bmatrix}0\\0\\1\\0\end{bmatrix}\text{变换成}\ \frac{1}{2}\begin{bmatrix}1\\1\\-1\\-1\end{bmatrix}$$

$$\begin{bmatrix}0\\0\\0\\1\end{bmatrix}\text{变换成}\ \frac{1}{2}\begin{bmatrix}1\\-1\\-1\\1\end{bmatrix}$$

这是一个标准正交基变换到另一个标准正交基的描述，所以我们可以写出对应于这个变换的矩阵。我们称这个新矩阵为 $\boldsymbol{H}^{\otimes 2}$，如下所示：

$$\boldsymbol{H}^{\otimes 2}=\frac{1}{2}\begin{bmatrix}1&1&1&1\\1&-1&1&-1\\1&1&-1&-1\\1&-1&-1&1\end{bmatrix}$$

这个矩阵有一个包含 $\boldsymbol{H}$ 的基本模式，如下所示：

$$\boldsymbol{H}^{\otimes 2}=\frac{1}{2}\begin{bmatrix}1&1&1&1\\1&-1&1&-1\\1&1&-1&-1\\1&-1&-1&1\end{bmatrix}=\frac{1}{\sqrt{2}}\begin{bmatrix}\begin{bmatrix}\frac{1}{\sqrt{2}}&\frac{1}{\sqrt{2}}\\\frac{1}{\sqrt{2}}&-\frac{1}{\sqrt{2}}\end{bmatrix}&\begin{bmatrix}\frac{1}{\sqrt{2}}&\frac{1}{\sqrt{2}}\\\frac{1}{\sqrt{2}}&-\frac{1}{\sqrt{2}}\end{bmatrix}\\\begin{bmatrix}\frac{1}{\sqrt{2}}&\frac{1}{\sqrt{2}}\\\frac{1}{\sqrt{2}}&-\frac{1}{\sqrt{2}}\end{bmatrix}&-\begin{bmatrix}\frac{1}{\sqrt{2}}&\frac{1}{\sqrt{2}}\\\frac{1}{\sqrt{2}}&-\frac{1}{\sqrt{2}}\end{bmatrix}\end{bmatrix}=\frac{1}{\sqrt{2}}\begin{bmatrix}\boldsymbol{H}&\boldsymbol{H}\\\boldsymbol{H}&-\boldsymbol{H}\end{bmatrix}$$

如果我们输入三个量子比特并让每个量子比特都通过

Hadamard 门，对应的矩阵可以使用 $\boldsymbol{H}^{\otimes 3}$ 来编写，如下所示：

$$\boldsymbol{H}^{\otimes 3}=\frac{1}{\sqrt{2}}\begin{bmatrix}\boldsymbol{H}^{\otimes 2} & \boldsymbol{H}^{\otimes 2}\\ \boldsymbol{H}^{\otimes 2} & -\boldsymbol{H}^{\otimes 2}\end{bmatrix}=\frac{1}{2\sqrt{2}}\begin{bmatrix}\begin{bmatrix}1&1&1&1\\1&-1&1&-1\\1&1&-1&-1\\1&-1&-1&1\end{bmatrix} & \begin{bmatrix}1&1&1&1\\1&-1&1&-1\\1&1&-1&-1\\1&-1&-1&1\end{bmatrix}\\ \begin{bmatrix}1&1&1&1\\1&-1&1&-1\\1&1&-1&-1\\1&-1&-1&1\end{bmatrix} & -\begin{bmatrix}1&1&1&1\\1&-1&1&-1\\1&1&-1&-1\\1&-1&-1&1\end{bmatrix}\end{bmatrix}$$

$$=\frac{1}{2\sqrt{2}}\begin{bmatrix}1&1&1&1&1&1&1&1\\1&-1&1&-1&1&-1&1&-1\\1&1&-1&-1&1&1&-1&-1\\1&-1&-1&1&1&-1&-1&1\\1&1&1&1&-1&-1&-1&-1\\1&-1&1&-1&-1&1&-1&1\\1&1&-1&-1&-1&-1&1&1\\1&-1&-1&1&-1&1&1&-1\end{bmatrix}$$

随着 n 的增大，这些矩阵的阶很快变大，但如下等式总是成立的：

$$\boldsymbol{H}^{\otimes n}=\frac{1}{\sqrt{2}}\begin{bmatrix}\boldsymbol{H}^{\otimes(n-1)} & \boldsymbol{H}^{\otimes(n-1)}\\ \boldsymbol{H}^{\otimes(n-1)} & -\boldsymbol{H}^{\otimes(n-1)}\end{bmatrix}$$

这给出了一个递归公式使得我们可以快速计算它们。这些矩阵的乘积告诉我们如何作用于称为 Kronecker 积的张量积。

对于 Simon 算法，我们会对这些矩阵做更详细的研究，但是对于下一个算法，关键的观察是每一个矩阵最上面一行的元素都是相等的，例如 $\boldsymbol{H}^{\otimes n}$，第一行的每一个元素都等于 $\left(\frac{1}{\sqrt{2}}\right)^n$。

8.6 Deutsch-Jozsa 算法

Deutsch 算法考虑只有一个变量的函数。给你四个函数中一个，你必须确定它是常值函数还是平衡函数。Deutsch-Jozsa 问题就是这个问题的一个推广。

我们现在有一个包含 n 个变量的函数。和前面一样，这些变量的输入为 0 或 1，输出为 0 或 1。我们将函数限制为要么是常值函数（所有输入的输出都是 0，或者都是 1），要么是平衡函数（一半输入的输出是 0，另一半输入的输出是 1）。如果随机得到其中一个函数，我们需要查询多少次才能确定这个函数是属于常值函数还是平衡函数?

为了说明这一点，我们考虑 $n = 3$ 的情况。函数有三个输入，每个输入可以取两个值，这意味着有 2^3 种可能的输入：

$$(0,0,0),(0,0,1),(0,1,0),(0,1,1),(1,0,0),(1,0,1),(1,1,0),(1,1,1)$$

假设我们用经典的方式查询 $f(0,0,0)$ 的值，并得到 $f(0,0,0)=1$，那么仅从这条信息不能推导出任何东西。所以我们需要查询另一个函数值，如 $f(0,0,1)$，如果得到 $f(0,0,1)=0$，那么就结束了。我们可知函数不可能是常值函数，所以它必须是平衡函数。另一方面，如果得到 $f(0,0,1)=1$，我们从这两条信息中也不能推导出任何东西。最坏的情况是前四次查询我们都得到相同的答案，但仍然不能回答这个问题。例如，如果查询得到如下结果 $f(0,0,0)=1,\ f(0,0,1)=1,\ f(0,1,0)=1,\ f(0,1,1)=1$，我们不能确定该函数是否是平衡函数，需要再多一次的查询。如果下一次的查询结果也是 1，那么我们知道该函数是常值函数；如果答案是 0，那么我们知道该函数是平衡函数。

一般来说，这种分析是可行的。给定一个有 n 个变量的函数，可以有 2^n 种不同的输入。最好的情况是我们只需要查询 oracle 两次就可以得到答案，但最坏的情况是需要查询 $2^{n-1}+1$ 次，即需要向 oracle 进行指数次的查询。Deutsch-Jozsa 算法是一个量子算法，它只需查询 oracle 一次，所以速度非常快！

第一步是描述 oracle。对于每个函数，我们需要构造一个可以体现函数本质的正交矩阵。概括一下我们以前的构造。

给定任意一个有 n 个布尔值输入的函数 $f(x_0,x_1,\cdots,x_{n-1})$，且只有一个布尔值输出。我们构造 $\boldsymbol{F}$ 门（由如下电路给出），其中顶部标记着 n 的斜线表示我们有 n 根并联的导线。

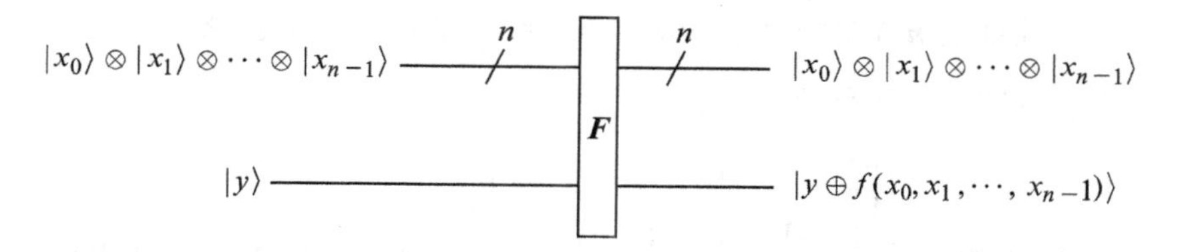

这个电路告诉我们：每个量子比特 $|x_i\rangle$（要么是 $|0\rangle$ 要么是 $|1\rangle$）会如何变化。输入由 $n+1$ 个 ket 组成——$|x_0\rangle\otimes|x_1\rangle\otimes\cdots\otimes|x_{n-1}\rangle$ 和 $|y\rangle$，其中前 n 个 ket 对应于函数变量。输出也由 $n+1$ 个 ket 组成，其中前 n 个 ket 的输出与前 n 个 ket 的输入完全相同。如果 $y=0$，最后一位输出是 $|f(x_0,x_1,\cdots,x_{n-1})\rangle$；如果 $y=1$，最后一位输出是 $|f(x_0,x_1,\cdots,x_{n-1})\rangle$ 的相反值。

描述了黑盒函数的工作原理之后，下一步是给出包含黑盒函数的量子电路。这是 Deutsch 算法电路的自然推广：所有顶部的量子比特都通过黑盒子两侧的 Hadamard 门。

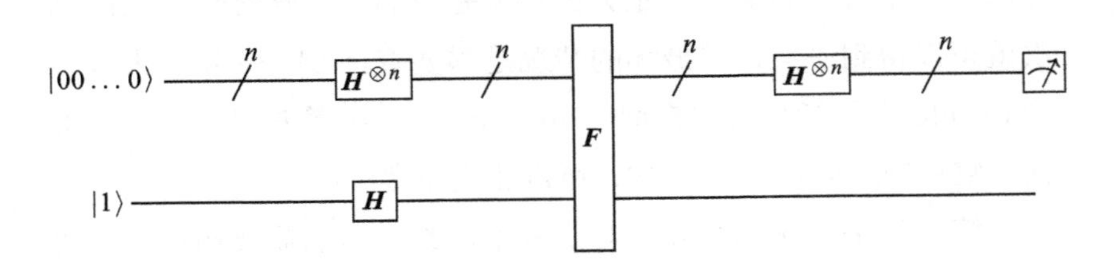

和之前一样，我们将逐步分析这个电路的作用。我们说明当 $n = 2$ 时的情况，只是为了让页面上的内容看起来不那么混乱，但是无论 n 取什么值，我们做的每一步都是完全一样的。

1. 第一步：量子比特通过 Hadamard 门

顶部的 n 个输入都是 $|0\rangle$。当 $n=2$，那就是 $|00\rangle$。接下来的计算会说明发生了什么。

$$\boldsymbol{H}^{\otimes 2}(|00\rangle)=\frac{1}{2}\begin{bmatrix}1&1&1&1\\1&-1&1&-1\\1&1&-1&-1\\1&-1&-1&1\end{bmatrix}\begin{bmatrix}1\\0\\0\\0\end{bmatrix}=\frac{1}{2}\begin{bmatrix}1\\1\\1\\1\end{bmatrix}=\frac{1}{2}(|00\rangle+|01\rangle+|10\rangle+|11\rangle)$$

它给出了所有可能状态的叠加态，且每个基态有相同的概率振幅（在这里都是 $\frac{1}{2}$）。

无论 n 取什么值，该计算都有效。当 n 个量子比特通过 $\boldsymbol{H}^{\otimes n}$ 门后，也会变成所有可能状态的叠加态，且每个基态有相同的概率振幅$\left(\frac{1}{\sqrt{2}}\right)^n$。

底部的输入是$|1\rangle$，通过Hadamard门后，它会变成$\left(\frac{1}{\sqrt{2}}\right)|0\rangle-\left(\frac{1}{\sqrt{2}}\right)|1\rangle$。那么三个量子比特的输入会变成如下状态

$$\frac{1}{2}(|00\rangle+|01\rangle+|10\rangle+|11\rangle)\otimes\left(\frac{1}{\sqrt{2}}|0\rangle-\frac{1}{\sqrt{2}}|1\rangle\right)$$

我们可以写成如下形式

$$\begin{aligned}&\frac{1}{2\sqrt{2}}|00\rangle\otimes(|0\rangle-|1\rangle)\\&+\frac{1}{2\sqrt{2}}|01\rangle\otimes(|0\rangle-|1\rangle)\\&+\frac{1}{2\sqrt{2}}|10\rangle\otimes(|0\rangle-|1\rangle)\\&+\frac{1}{2\sqrt{2}}|11\rangle\otimes(|0\rangle-|1\rangle)\end{aligned}$$

2. 第二步：量子比特通过 *F* 门

量子比特通过 ***F*** 门之后会变成如下状态

$$\begin{aligned}&\frac{1}{2\sqrt{2}}|00\rangle\otimes(|f(0,0)\rangle-|f(0,0)\oplus 1\rangle)\\&+\frac{1}{2\sqrt{2}}|01\rangle\otimes(|f(0,1)\rangle-|f(0,1)\oplus 1\rangle)\\&+\frac{1}{2\sqrt{2}}|10\rangle\otimes(|f(1,0)\rangle-|f(1,0)\oplus 1\rangle)\\&+\frac{1}{2\sqrt{2}}|11\rangle\otimes(|f(1,1)\rangle-|f(1,1)\oplus 1\rangle)\end{aligned}$$

当 a=0 或 a=1 时，我们有如下事实：

$$|a\rangle-|a\oplus 1\rangle=(-1)^{a}(|0\rangle-|1\rangle)$$

利用上述事实，重写状态如下

$$\begin{aligned}&(-1)^{f(0,0)}\frac{1}{2}|00\rangle\otimes\frac{1}{\sqrt{2}}(|0\rangle-|1\rangle)\\&+(-1)^{f(0,1)}\frac{1}{2}|01\rangle\otimes\frac{1}{\sqrt{2}}(|0\rangle-|1\rangle)\\&+(-1)^{f(1,0)}\frac{1}{2}|10\rangle\otimes\frac{1}{\sqrt{2}}(|0\rangle-|1\rangle)\\&+(-1)^{f(1,1)}\frac{1}{2}|11\rangle\otimes\frac{1}{\sqrt{2}}(|0\rangle-|1\rangle)\end{aligned}$$

和之前一样，这说明了底部的量子比特与顶部的量子比特是非纠缠的。顶部的两个量子比特有如下状态

$$\frac{1}{2}((-1)^{f(0,0)}|00\rangle+(-1)^{f(0,1)}|01\rangle+(-1)^{f(1,0)}|10\rangle+(-1)^{f(1,1)}|11\rangle)$$

（对于一般的 n，该论证也成立。这时你有一个包含所有基态的叠加态，任意基态 $|x_0x_1\cdots x_{n-1}\rangle$ 对应的系数为 $\left(\frac{1}{\sqrt{2}}\right)^{n}(-1)^{f(x_0,x_1,\cdots,x_{n-1})}$。）

3. 第三步：顶部的量子比特通过 Hadamard 门

标准的方法是把我们的量子态转换成列向量，然后用适当的 Hadamard 矩阵的 Kronecker 积去乘以这个列向量，如下所示：

$$\frac{1}{4}\begin{bmatrix}1&1&1&1\\1&-1&1&-1\\1&1&-1&-1\\1&-1&-1&1\end{bmatrix}\begin{bmatrix}(-1)^{f(0,0)}\\(-1)^{f(0,1)}\\(-1)^{f(1,0)}\\(-1)^{f(1,1)}\end{bmatrix}$$

然而，我们并不打算计算最终列向量中的所有元素，而只计算顶部的元素。这个元素等于矩阵的第一行对应的元素与列向量的元素对应相乘再相加得到，即

$$\frac{1}{4}((-1)^{f(0,0)}+(-1)^{f(0,1)}+(-1)^{f(1,0)}+(-1)^{f(1,1)})$$

这是$|00\rangle$的概率振幅。我们计算两种函数的$|00\rangle$的概率振幅的结果：

如果f是常值函数，任意输入对应的输出都是0，那么概率振幅为1。

如果f是常值函数，任意输入对应的输出都是1，那么概率振幅为−1。

如果是平衡函数，那么概率振幅为0。

4. 第四步：测量顶部的量子比特

当我们测量顶部的量子比特时，会得到00、01、10或11中的一个。问题变成了“我们是否可以得到00？”如果函数是常值函数，那么我们得到00的概率是1；如果函数是平衡函数，我们得到00的概率是0。因此，当测量结果是00时，函数就是常值函数；否则，就是平衡函数。

对于n的一般取值，分析同样成立。在我们测量量子比特之前，可知$|0\cdots0\rangle$的对应概率振幅为

$$\frac{1}{2^n}((-1)^{f(0,0,\cdots,0)}+(-1)^{f(0,0,\cdots,1)}+\cdots+(-1)^{f(1,1,\cdots,1)})$$

与$n=2$情况一样，如果f是常值函数，该数值为±1；如果

f是平衡函数，该数值为 0。所以，如果每一位的测量值都是 0，那么函数就是常值函数；如果至少有一位的测量值是 1，那么函数就是平衡函数。

因此，无论 n 的取值是多少，仅需查询一次 oracle，我们就可以解决 Deutsch-Jozsa 问题。回想一下经典的例子，最坏的情况需要查询 $2^{n-1}+1$ 次，所以改进是巨大的。

8.7 Simon 算法

到目前为止，我们看到的两个算法都是非常规的，因为我们只需查询一次就可以确定地得到最终答案。大多数量子算法会结合量子算法和经典算法，它们涉及多个量子电路，且包含概率。Simon 算法包含了这一切。然而，在描述算法之前，我们需要讨论正在处理的问题，引入一种将二进制字符串相加的新方法。

1. 按位模 2 加运算

我们定义 ⊕ 为异或，或者为模 2 加法。简单回顾

$$0 \oplus 0 = 0 \quad 0 \oplus 1 = 1 \quad 1 \oplus 0 = 1 \quad 1 \oplus 1 = 0$$

我们将这个定义扩展到长度相同的二进制字符串的加法，公式如下：

$$a_0 a_1 \cdots a_n \oplus b_0 b_1 \cdots b_n = c_0 c_1 \cdots c_n$$

其中 $c_0 = a_0 \oplus b_0, c_1 = a_1 \oplus b_1, \cdots, c_n = a_n \oplus b_n$。

这就像在二进制数中做加法，但是忽略任何进位。下面是按位加法的具体示例：

$$\begin{array}{r} 1101 \\ \oplus\ 0111 \\ \hline 1010 \end{array}$$

2. Simon 问题的描述

我们有一个函数 f，它将长度为 n 的二进制字符串变换到另一个长度为 n 的二进制字符串。它有如下性质：存在某一个二进制字符串 s，使得 $f(x)=f(y)$ 当且仅当 $y=x$ 或 $y=x\oplus s$。我们不允许 s 为全 0 的字符串，则意味着所有的输入串会两两成对，且成对的输入串的输出串都相同。问题就是要找出字符串 s。一个例子应该能清楚地说明这一切。

我们取 $n = 3$，那么函数 f 会将长度为 3 的二进制字符串变换成其他长度为 3 的二进制字符串。假设 $s = 110$，可知

$$000\oplus110=110 \quad 001\oplus110=111 \quad 010\oplus110=100 \quad 011\oplus110=101$$
$$100\oplus110=010 \quad 101\oplus110=011 \quad 110\oplus110=000 \quad 111\oplus110=001$$

因此，根据 s，我们得到以下配对：

$$f(000)=f(110) \quad f(001)=f(111) \quad f(010)=f(100) \quad f(011)=f(101)$$

那么具有此性质的函数如下：

$$f(000)=f(110)=101 \quad f(001)=f(111)=010$$
$$f(010)=f(100)=111 \quad f(011)=f(101)=000$$

当然，我们现在既不知道函数 f 也不知道字符串 s，但我们希望找到 s。问题是：需要查询多少次函数值，才能确定字符串 s？

我们一直查询 f 不同输入串的输出串，直到得到一个重复的答案。一旦找到两个输出相同的输入字符串，就可以立即计算得到 s。

例如，如果我们发现$f(011)=f(101)$，那么可知

$$011\oplus s_0s_1s_2=101$$

利用如下事实

$$011\oplus 011=000$$

方程两边同时按位加 011，可得

$$s_0s_1s_2=011\oplus 101=110$$

在经典算法中，我们需要查询多少次呢？我们有 8 个二进制字符串，有可能查询了 4 个输入串而它们的输出串都不同，但是在第 5 次查询时，我们能保证得到一对相同的输出串。一般来说，对于长度为 n 的字符串，有 2^n 个二进制字符串，在最坏的情况下，我们需要查询 $2^{n-1}+1$ 次才能得到重复的输出串。所以，最坏的情况下需要查询 oracle $2^{n-1}+1$ 次。

在研究量子算法之前，我们需要更详细地研究一下 Hadamard 矩阵的 Kronecker 积。

3. 点积和 Hadamard 矩阵

给定2个长度相同的二进制字符串：$a=a_0a_1\cdots a_{n-1}$ 和 $b=b_0b_1\cdots b_{n-1}$。我们定义点积如下

$$a\cdot b=a_0\times b_0\oplus a_1\times b_1\oplus\cdots\oplus a_{n-1}\times b_{n-1}$$

其中 × 表示一般的乘法。

例如，$a=101$ 且 $b=111$，那么 $a\cdot b=1\oplus 0\oplus 1=0$。这个操作可以看作将序列的对应项相乘，然后相加，最后确定这个和是奇数

还是偶数。

在计算机科学中，我们通常从0开始计数，所以不是从1数到4而是从0数到3。而且，我们经常使用二进制，数字0、1、2和3用二进制数表示为00、01、10和11。给定一个4×4矩阵，我们将用这些数字标记行和列，如下所示：

$$\begin{array}{c} \\ 00 \\ 01 \\ 10 \\ 11 \end{array}\begin{array}{c} \begin{array}{cccc} 00 & 01 & 10 & 11 \end{array} \\ \begin{bmatrix} * & * & * & * \\ * & * & * & * \\ * & * & * & * \\ * & * & * & * \end{bmatrix} \end{array}$$

这个矩阵中的元素的位置由它所在的行和列给出。如果将第i行和第j列的元素设为$i\cdot j$，我们得到如下矩阵。

$$\begin{array}{c} \\ 00 \\ 01 \\ 10 \\ 11 \end{array}\begin{array}{c} \begin{array}{cccc} 00 & 01 & 10 & 11 \end{array} \\ \begin{bmatrix} 0 & 0 & 0 & 0 \\ 0 & 1 & 0 & 1 \\ 0 & 0 & 1 & 1 \\ 0 & 1 & 1 & 0 \end{bmatrix} \end{array}$$

与$\boldsymbol{H}^{\otimes 2}$作比较。可以发现点积矩阵中1的位置和$\boldsymbol{H}^{\otimes 2}$中的负元素的位置是完全一样的。根据事实$(-1)^0=1$和$(-1)^1=-1$，我们可以写出如下矩阵：

$$\boldsymbol{H}^{\otimes 2}=\frac{1}{2}\begin{bmatrix} (-1)^{00\cdot 00} & (-1)^{00\cdot 01} & (-1)^{00\cdot 10} & (-1)^{00\cdot 11} \\ (-1)^{01\cdot 00} & (-1)^{01\cdot 01} & (-1)^{01\cdot 10} & (-1)^{01\cdot 11} \\ (-1)^{10\cdot 00} & (-1)^{10\cdot 01} & (-1)^{10\cdot 10} & (-1)^{10\cdot 11} \\ (-1)^{11\cdot 00} & (-1)^{11\cdot 01} & (-1)^{11\cdot 10} & (-1)^{11\cdot 11} \end{bmatrix}$$

一般情况下，这种方法可以求正负项所在的位置。例如，如果我们想要知道 $\boldsymbol{H}^{\otimes 3}$ 中 101 行 111 列的元素是正还是负，那么我们可以计算该位置行与列的点积，结果为 0，则意味着该元素是正的，也就是该位置的元素是 1。

4. Hadamard 矩阵和 Simon 问题

现在我们已经知道了如何找到 Hadamard 矩阵的 Kronecker 积的元素，那么我们将用这个知识来看看当我们把某个 Hadamard 矩阵的 Kronecker 积的两列相加时会发生什么。我们把 Simon 问题中 s 配对的两列进行相加。如果一列用字符串 b 标记，那么另一列用字符串 $b \oplus s$ 标记，并将这两列相加。

为了说明这一点，我们使用长度为 2 的字符串，并假设 s 为 10。我们把第 00 列和第 10 列相加，或者把第 01 列和第 11 列相加。

例如

$$\boldsymbol{H}^{\otimes 2} = \frac{1}{2}\begin{bmatrix} 1 & 1 & 1 & 1 \\ 1 & -1 & 1 & -1 \\ 1 & 1 & -1 & -1 \\ 1 & -1 & -1 & 1 \end{bmatrix}$$

把第 00 列和第 10 列相加，可得

$$\frac{1}{2}\begin{bmatrix} 1 \\ 1 \\ 1 \\ 1 \end{bmatrix} + \frac{1}{2}\begin{bmatrix} 1 \\ 1 \\ -1 \\ -1 \end{bmatrix} = \frac{1}{2}\begin{bmatrix} 2 \\ 2 \\ 0 \\ 0 \end{bmatrix}$$

把第 01 列和第 11 列相加，可得

$$\frac{1}{2}\begin{bmatrix}1\\-1\\1\\-1\end{bmatrix}+\frac{1}{2}\begin{bmatrix}1\\-1\\-1\\1\end{bmatrix}=\frac{1}{2}\begin{bmatrix}2\\-2\\0\\0\end{bmatrix}$$

注意，有些概率振幅放大了，有些则抵消了。到底发生了什么？

检查乘积和按位加法是否符合指数的一般规律是相当容易的，因此可得

$$(-1)^{a\cdot(b\oplus s)}=(-1)^{a\cdot b}(-1)^{a\cdot s}$$

这告诉我们：如果 $a\cdot s=0$，那么 $(-1)^{a\cdot(b\oplus s)}$ 和 $(-1)^{a\cdot b}$ 就是相等的；如果 $a\cdot s=1$，那么 $(-1)^{a\cdot(b\oplus s)}$ 和 $(-1)^{a\cdot b}$ 就是相反的。我们总结如下：

$$(-1)^{a\cdot(b\oplus s)}+(-1)^{a\cdot b}=\pm2, a\cdot s=0$$
$$(-1)^{a\cdot(b\oplus s)}+(-1)^{a\cdot b}=0, a\cdot s=1$$

这告诉我们，当我们把标记了 b 和 $b\oplus s$ 的两列相加时，如果 $a\cdot s=1$，那么第 a 行中的元素就是 0；如果 $a\cdot s=0$，那么第 a 行中的元素就是 2 或者 −2。一般情况下，每行都有对应的字符串标记，如果该字符串与 s 的点积为 1，那么该行的元素为 0。

回顾我们的例子，底部两个元素是 0 的原因是这些行的标记是 10 和 11，它们与 s 的点积都为 1。而非零元素出现在第 00 行和第 01 行，它们与 s 的点积都为 0。

现在我们已经掌握了 Simon 问题中的量子电路所需要的知识，它会给我们一个与 s 的点积为 0 的字符串，只需要把 Hadamard 矩阵的 Kronecker 积的两列相加即可。让我们看看它是如何工

$$+\frac{1}{4}|10\rangle\otimes(|f(00)\rangle+|f(01)\rangle-|f(10)\rangle-|f(11)\rangle)$$

$$+\frac{1}{4}|11\rangle\otimes(|f(00)\rangle-|f(01)\rangle-|f(10)\rangle+|f(11)\rangle)$$

这样编写状态有两个好处：第一，这里 + 和 - 符号的形式也来自 $\boldsymbol{H}^{\otimes 2}$ 的矩阵；第二，张量积左边的双量子比特对应于行数。

我们知道：如果 $f(b)=f(b\oplus s)$，那么 $|f(b)\rangle=|f(b\oplus s)\rangle$。我们可以通过把这些项结合起来，增加它们的概率振幅来简化原来的状态。这与我们刚才看到的列相加是相对应的。举例来说，假设 s=10，那么 $f(00)=f(10)$ 且 $f(01)=f(11)$。如果我们将这些值代入状态中，可得：

$$\frac{1}{4}|00\rangle\otimes(|f(00)\rangle+|f(01)\rangle+|f(00)\rangle+|f(01)\rangle)$$

$$+\frac{1}{4}|01\rangle\otimes(|f(00)\rangle-|f(01)\rangle+|f(00)\rangle-|f(01)\rangle)$$

$$+\frac{1}{4}|10\rangle\otimes(|f(00)\rangle+|f(01)\rangle-|f(00)\rangle-|f(01)\rangle)$$

$$+\frac{1}{4}|11\rangle\otimes(|f(00)\rangle-|f(01)\rangle-|f(00)\rangle+|f(01)\rangle)$$

简化后得到如下状态

$$\frac{1}{4}|00\rangle\otimes(2|f(00)\rangle+2|f(01)\rangle)$$

$$+\frac{1}{4}|01\rangle\otimes(2|f(00)\rangle-2|f(01)\rangle)$$

$$+\frac{1}{4}|10\rangle\otimes(0)$$

$$+\frac{1}{4}|11\rangle\otimes(0)$$

张量积左边的项是矩阵的行号，若行号与 s 点积为 1，则张量积右边为 0。

简化后得到如下状态

$$\frac{1}{\sqrt{2}}|00\rangle\otimes\frac{1}{\sqrt{2}}(|f(00)\rangle+|f(01)\rangle)+\frac{1}{\sqrt{2}}|01\rangle\otimes\frac{1}{\sqrt{2}}(|f(00)\rangle-|f(01)\rangle)$$

当我们测量顶部的量子比特，要么得到 00，要么得到 01，每一种情况的概率都是 $\frac{1}{2}$。

虽然我们只研究了相对简单的 $n = 2$ 的情况，但是对于 n 的一般取值，我们所做的一切都适用。算法最后会得到一个字符串，它与 s 的点积为 0。字符串中的每一个都是等可能的。

你可能会担心，在所有这些工作之后，我们仍然不知道 s。这就是 Simon 算法的经典部分。

6. Simon 算法的经典部分

我们从 n=5 的例子开始。我们知道存在某个 $s=s_0s_1s_2s_3s_4$，且不允许 s 为 00000，所以 s 有 $2^5-1=31$ 种可能。我们将通过 Simon 算法的电路找到 s。

通过运行一次 Simon 算法的电路，得到 10100 这个答案，且我们知道这个串与 s 的点积为 0，即

$$1\times s_0\oplus 0\times s_1\oplus 1\times s_2\oplus 0\times s_3\oplus 0\times s_4=0$$

这告诉我们 $s_0\oplus s_2=0$。由于这些数字不是 0 就是 1，所以我们推断 $s_0=s_2$。

我们再次运行该电路，希望不会再得到10100。（这种情况发生的概率是$\frac{1}{16}$，所以我们相当安全。）我们也希望不会得到00000，这不会给我们任何新的信息。假设得到00100，即

$$0\times s_0 \oplus 0\times s_1 \oplus 1\times s_2 \oplus 0\times s_3 \oplus 0\times s_4 = 0$$

这表明s_2必为0，由第一步可得s_0也必为0。我们再次运行该电路，且得到11110，即

$$1\times 0 \oplus 1\times s_1 \oplus 1\times 0 \oplus 1\times s_3 \oplus 0\times s_4 = 0$$

这告诉我们$s_1 = s_3$。再次运行该电路，且得到00111，即

$$0\times 0 \oplus 0\times s_1 \oplus 1\times 0 \oplus 1\times s_3 \oplus 1\times s_4 = 0$$

因此，必有$s_3 = s_4$。又因为$s_1 = s_3$，所以我们有$s_1 = s_3 = s_4$。

因为不可能所有的数字全为0，所以我们必有$s_1 = s_3 = s_4 = 1$。因此，s必为01011。在这个例子中，我们查询了4次oracle。

此时，你可能会问几个问题。第一个问题是关于使用量子电路的输出来寻找s的算法。我们已经看到了在特定的情况下应该做什么，但是否有一个算法（一个逐步的过程）告诉你在每种情况下应该做什么？第二个问题是关于我们测量查询oracle的次数。当我们研究经典算法时，考虑了最坏的情况，然后发现查询$2^{n-1}+1$次后，肯定会得到答案。但在量子算法中，最坏的情况可能会更糟！我们得到的答案是随机的。虽然答案确实与s的点积为0，但是我们可能不止一次得到相同的答案。我们运行量子电路$2^{n-1}+1$次，但有可能每次得到的都是全0串。这是有一定概率发生的，

只是这样的概率比较低。全 0 串并没有给我们任何信息，所以有可能查询了 oracle $2^{n-1}+1$ 次后，我们根本没有推断出关于 s 的任何信息。接下来，我们会解决这两个问题。

每次我们运行这个电路，会得到一个与 s 点积为零的字符串。这给了我们一个包含 n 个未知数的线性方程。把电路运行多次，就会得到多个线性方程。在之前的例子中，每次我们都会得到一个新的方程，但是这个新的方程也给了我们一些新的信息。它的专业术语是方程与前面的方程**线性无关**。为了计算 s，我们需要由 $n-1$ 个线性无关的方程组成的方程组[⊖]。

求解方程组的算法是众所周知的，这可以在线性代数和矩阵理论等课程中学到，而且还有很多的应用，它们的需求是如此普遍，以至于被编入大多数科学计算器中。这里我们就不讨论了，只提一下，求解一个由 n 个方程组成的方程组所需要的步数可以用一个包含 n 的二次表达式来限制。我们说这个方程组可以用二次时间来求解。

我们需要解决的另一个问题是：我们需要运行量子电路多少次？正如我们所指出的，最坏的情况下，我们有可能一直运行该电路，却永远得不到任何有用的信息。然而，这是极不可能的。我们将在下一节更详细地研究这个想法。

⊖ 你可能以前学习过线性方程组，且你记住的是需要 n 个方程来解一个包含 n 个未知数的方程组。当系数是实数时，这是正确的，但在我们的例子中，系数不是 0 就是 1，这个限制和 s 不允许是全 0 字符串使我们可以将方程的数量减少一个。

8.8 复杂性类

在复杂性理论中，主要分成两类问题：一类是多项式时间内可以解决的问题，另一类是多项式时间外才能解决的问题。当 n 的取值非常大时，多项式时间算法被认为是可行的，而非多项式时间算法则被认为是不可行的。

多项式时间内用经典算法能求解的问题用 P 表示，多项式时间内用量子算法能求解的问题用 QP 表示（如果对于精确的量子多项式时间，有时也用 EQP 表示）。通常，当使用这些标记时，我们指的是算法所采取的步骤的数量。但是，我们定义了一种度量复杂性的新方法，即查询复杂性，它指的是我们需要查询 oracle 的次数。我们看到 Deutsch-Jozsa 问题不属于 P 类，而由于查询复杂性，它却属于 QP 类。（常值函数是一个度为 0 的多项式）因此，我们有时说根据查询复杂性，Deutsch-Jozsa 问题能区分 P 和 QP。

然而，我们回忆一下经典算法的最坏情况。或者更具体一点，我们取 $n = 10$，给定一个函数，它有 10 个输入，它要么是平衡函数，要么是常值函数。我们必须不断地计算特定输入的函数值，直到我们能推导出答案，而输入有 $2^{10}=1024$ 种可能。最坏的情况是，当函数是平衡函数，而在前 512 次计算中我们得到了相同的答案，然后在第 513 次计算中我们得到了另一个值。但这种情况发生的可能性有多大？

如果函数是平衡函数，对于每个输入值，我们都等可能地得到 0 或 1。这就好比抛一枚均匀的硬币，得到正面朝上或反面朝上。投掷一枚均匀硬币 512 次，每次都得到正面的概率是$\left(\frac{1}{2}\right)^{512}$，这个概率小于$\left(\frac{1}{10}\right)^{100}$。这是一个相当小的数！

假设你有一枚硬币，并且问你这枚硬币是一面是正面另一面是反面的，还是两面都是正面的。如果你抛一次得到正面朝上，你就不能真正回答这个问题。但是如果你掷十次，每次都是正面朝上，那么你就可以相当肯定它两面都是正面的。当然，这样的判断有可能是错的。在实践中，只要发生这种情况的概率很小，我们愿意接受这样的错误判断。

这让我们更好地理解有界误差复杂性类。我们选择一个可以接受的误差概率的界，然后看看在误差范围内能解决问题的算法。

回到 Deutsch-Jozsa 的例子，假设我们需要至少 99.9% 的成功率，相当于小于 0.1% 的错误率。如果一个函数是平衡函数，那么查询这个函数 11 次，且每次都得到 0 的概率是 0.000 49，保留到小数点后 5 位。同样，每次都得到 1 的概率也是 0.000 49。因此，当函数是平衡函数时，连续 11 次都得到相同答案的概率小于 0.001。所以，如果我们愿意接受误差概率的界为 0.1%，那么我们最多查询 11 次即可。在查询的过程中，如果我们得到一个 0 和一个 1，那么就可以结束了，且可以肯定这个函数是平衡函数。所以，如果 11 次查询的结果都一样，那么我们就说该函数是常值函数。我们的判断有可能是错的，但错误率小于我们选择的界。注意，无论 n 的取值是多少，该论证都适用。在每种情况下，我们最多需要 11 次查询。

在一定的误差概率范围内且多项式时间内用经典算法能求解的问题用 BPP 表示（有界误差概率多项式时间）。Deutsch-Jozsa 问题属于 BPP。

你可能担心的一件事是，对于某一个误差概率的界，这个问题是属于 BPP 的，但如果对于一个更小的界，是否该问题就不属于 BPP 呢？这是不可能的。如果一个问题属于 BPP，那么无论你选择什么样的界，它都始终属于 BPP。

现在我们回到 Simon 算法。我们需要不断地发送量子比特通过量子电路，直到我们得到 $n-1$ 个线性无关的方程。正如我们所知，在最坏的情况下，这个过程可能会永远持续下去，所以 Simon 算法不属于 QP。然而，选择一个我们愿意接受误差概率的界，那么我们就可以计算 N，且可使 $\left(\frac{1}{2}\right)^N$ 小于我们的界。

我们不会证明这一点，但它可以表明，如果我们运行 $n+N$ 次电路，且 $n+N$ 个方程中包含 $n-1$ 个线性无关的方程的概率大于 $1-\left(\frac{1}{2}\right)^N$。

现在我们描述一下 Simon 算法。首先，我们确定一个误差概率的界，然后计算出 N 的值，这里的 N 不依赖于 n。在每种情况下，我们都可以使用相同的 N。我们运行 Simon 电路 $n+N$ 次，相当于查询了 $n+N$ 次。由于 N 是固定的，所以这是一个关于 n 的线性函数。我们假设 $n+N$ 个方程包含 n-1 个线性无关的方程。

当然这样的判断有可能是错的，但错误的概率小于我们选择的界。接着，我们用经典算法求解这 $n+N$ 个方程，所用的时间将是 $n+N$ 的二次式，但因为 N 是一个常数，所以可以用 n 的二次式来表示。

该算法包含了量子部分的线性时间加上经典部分的二次时间，总体上就是二次时间。在一定的误差概率范围内且多项式时间内用量子算法能求解的问题用 BQP 表示（有界误差的量子多项式时间）。由于查询复杂性，Simon 算法表明该问题属于 BQP。

经典算法中，最坏的情况下需要 $2^{n-1}+1$ 次查询，这是关于 n 的指数式而不是多项式的，所以这个问题肯定不属于 P。同时，即使我们给出一个误差概率的界，该算法仍然是指数级的，所以该问题不属于 BPP。因此，我们说根据查询复杂性，Simon 问题能区分 BPP 和 BQP。

8.9 量子算法

在本章的开始，我们描述了许多关于量子算法带来的加速，而这种加速被认为仅来自量子并行性，即我们把输入放到所有基态的叠加态中。然而，我们已经研究了三个算法，已经看到，尽管需要用到量子并行性，但还需要做更多的工作。我们将简要地介绍这部分工作和说明为什么这部分工作是困难的！

我们研究的三个算法是最基本的，也被认为是最标准的算法。但你也可能发现，它们绝不是微不足道的，它们出版的日期讲述了一个重要的故事。1985 年，David Deutsch 在他具有里程碑意义的论文中发表了 Deutsch 算法，这是第一个量子算法，它表明量子算法可以比经典算法更快。7 年后（1992 年），Deutsch 和 Jozsa 发表了他们对 Deutsch 算法的推广。看起来是一个相当直接的推广却花了这么长时间才发现，这似乎令人惊讶，但重要的是要认识到：正是现代的符号和表示方法才使这个推广看起来是自然的。Deutsch 的论文并没有像这里那样精确地描述这个问题，也没有使用现在标准的量子电路图。也就是说，从 1993 年到 1995 年，有一段非常多产的时期，在这段时间里，发现了许多重要的算法。 Daniel Simon 的算法就是在这期间发表的，Peter Shor 和 Lov Grover 的算法也是在这期间发表的，我们将在下一章中介绍。

我们用正交矩阵表示量子门，而量子电路由量子门组合而成，这些组合对应于正交矩阵的乘法。由于正交矩阵的乘积仍然是正交矩阵，所以任何量子电路都可以用一个正交矩阵来描述。正如我们所看到的，正交矩阵对应于基的变化——一种看待问题的不同方式，而且这是一种很关键的思想。相比经典计算，量子计算为我们提供了更多观察问题的方法。但是为了有更高的效率，必须要有一个观点表明能将正确答案从其他可能的错误答案中分离出来。量子计算机能够比经典计算机更快地解决问题，这需要一个只有在我们使用正交矩阵变换它时才可见的结构。

我们看到的问题显然是逆向工程，它们并不是人们多年来一直在思考的重要问题。我们只是现在才发现，如果从正确的量子计算角度来看待这些问题，它们就会变得更容易解决。相反，它们是利用 Hadamard 矩阵的 Kronecker 积的结构专门创建的问题。当然，我们真正想要的不是逆向工程的问题，而是想要一个重要的问题，然后构造一个比任何已知经典算法都快的量子算法。Peter Shor 取得了这样的成就，他在 1994 年发表了具有里程碑意义的论文，并在论文中展示了如何利用量子计算破解目前用于互联网安全的密码。我们将在下一章简要讨论 Shor 算法，且研究量子计算的影响。

第9章

量子计算的作用

当然，准确预测量子计算的长远作用是不太可能的。回顾20世纪50年代第一台现代计算机的诞生。在当时，没有人能预测计算机对社会的改变程度有多大，也没有人能预测我们对计算机的依赖程度有多深。当时的计算机先驱曾说过一句话：世界上仅需几台计算机即可，并不需要每个人的家里都有一台计算机。当然，先驱指的是特定类型的计算机，虽然它们给人的印象有些夸张，但却是真实的。最初的计算机体积庞大，必须放在空调房里，而且不太可靠。但在今天，我可以有一台笔记本电脑、一部智能手机和一台平板电脑，这三款都比第一台计算机强大得多。我认为，即使是像艾伦·图灵（Alan Turing）这样有远见卓识的人，也会惊讶于计算机已经渗透到社会的各个层面。图灵的确讨论过国际象棋和人工智能，但没有人能预测到电子商务和社交媒体的兴起会主导我们的生活。

量子计算目前仍处于起步阶段，就像当时建造第一台计算机时的情形。迄今为止建造的量子计算机往往体积很大，功能也不是很强大，而且通常涉及需要冷却到极低温度的超导体。已经有一些人说，不需要建造很多的量子计算机，它们对社会的作用将会很小。但在我看来，这些观点是非常短浅的。虽然不可能预测 50 年后的世界会是什么样子，但我们可以看到量子计算在过去几年里发生的巨大变化，也可以看到它发展的方向。我们可能还需要一段时间才能拥有强大的通用量子计算机，但在此之前，量子计算似乎也可能对我们的生活产生重大的作用。在本章中，我们将探讨量子计算的作用。与上一章深入地研究三个算法相比，这一章对各主题的研究将不再那么深入。

9.1　Shor 算法与密码分析

量子计算中与密码分析相关的主要成果是 Shor 算法。要完全理解这个算法，需要扎实的数学功底。Shor 算法不仅需要欧拉定理和数论中的连分式展开的知识，还需要复分析和离散傅里叶变换的知识，它标志着量子计算理论从只需要初等数学到扎实的数学功底的转变。因此，我们不会详细介绍 Shor 算法，但是这个算法十分重要，我们至少也应该对它有所了解。

与 Simon 算法一样，Shor 算法同样有量子部分和经典部分，它的量子部分类似于 Simon 算法。在简要描述之前，我们先来看看 Shor 算法想要解决的问题。

1. RSA 加密算法

RSA 加密算法是以它的发明者 Ron Rivest、Adi Shamir 和 Leonard Adleman 的名字命名的。三位作者就该算法发表了一篇论文，并于 1978 年申请了专利。后来人们知道，为英国情报机构政府通信总部（GCHQ）工作的 Clifford Cocks 在 1973 年发明了同样的算法。英国人把这个算法传给了美国人。然而，美国和英国的情报机构似乎都没有使用它，也没有意识到它将变得多么重要。如今，RSA 加密算法被广泛应用于加密计算机间通信的数据，它还被应用于网上银行和使用信用卡的电子购物。

我们将通过一个示例展示加密算法的工作原理，在这个示例中，我们希望与银行共享一些机密信息，同时希望这些信息不被任何人窃听。

当你想与银行通信时，你需要加密数据，这样即使数据被拦截了，窃听者也不能读取这些数据。你和银行共享的密钥将用于数据的加密和解密，这个共享密钥称为**对称密钥**，并且必须由双方保密。该密钥在你的计算机上生成并发送给银行，当然我们不能发送没加密的密钥，因此我们需要加密密钥，稍后再利用该加密密钥与银行通信。这就是 RSA 加密算法的切入点，是把密钥安全地发送到银行的一种方法。

当你与银行通信时，你的计算机生成密钥，稍后你与银行都将使用该密钥进行加密和解密，我们称该密钥为 K。

银行的计算机找到两个大素数，记为 p 和 q。两个素数的大小需要大致相同且它们的乘积为 $N = pq$。使用标准十进制数字，N 应该包含至少 300 位数字，这是目前被认为足够大且能确保安全的位数。目前已经有很多有效的方法可以生成这些素数，然后将两个素数相乘得到 N，这是很容易计算的。

第二步是银行找到一个相对较小的数 e，它与 $p-1$ 或 $q-1$

都互素，这也很容易计算。银行保密素数 p 和 q，但发送 N 和 e 给你。

你的计算机计算密钥 K 的 e 次方，然后除以 N，最后取余数，这同样也很容易计算得到，我们称得到的余数为 $K^e \bmod N$，然后你把它发送给银行。银行知道如何把 N 分解成 p 和 q，那么它就能快速计算出 K。

如果有人窃听了通信，他们会知道银行发送的 N 和 e，也会知道你发送的 $K^e \bmod N$。为了计算 K，窃听者需要知道 N 的因子 p 和 q，但这些都是保密的。系统的安全性取决于窃听者无法分解出 N 的因子，从而他们无法得知 p 和 q。

问题是分解两个大素数的乘积有多难？这似乎很难。RSA 加密算法中的所有步骤都可以用多项式时间的经典算法来执行，但是没有人发现一个经典算法可以在多项式时间内分解两个大素数的乘积。但同时，又没有人能证明这样的算法不存在。

这正是 Shor 算法的切入点。Shor 构造了一个可以分解大素数的乘积的量子算法，该算法属于 BQP，即在多项式时间内具有有界误差。需要强调的一点是，我们不再讨论查询复杂性，因为不再假设可以查询 oracle。我们正在计算总的步骤数，或者说在计算算法从开始到结束所需的时间。Shor 给出了每个步骤的具体算法。Shor 算法属于 BQP，这意味着如果实现了该算法，就可以对大数进行分解，更重要的是，这意味着如果可以构造出量子电路，那么 RSA 加密算法将不再安全。

2. Shor 算法

Shor 算法涉及大量的数学知识。我们将对量子部分做一个简短的描述。

算法中的量子傅里叶变换门十分重要，这可以看作Hadamard门的推广。事实上，单量子比特的量子傅里叶变换门正好就是$\boldsymbol{H}$。回想一下，我们使用了一个递归公式，它告诉我们如何从矩阵$\boldsymbol{H}^{\otimes n-1}$得到矩阵$\boldsymbol{H}^{\otimes n}$。类似地，我们可以给出一个量子傅里叶变换矩阵的递归公式。$\boldsymbol{H}^{\otimes n}$和量子傅里叶矩阵的主要区别在于后者的元素通常是复数，更确切地说矩阵中的元素都是单位1的复数根。回想一下，$\boldsymbol{H}^{\otimes n}$的元素不是1就是 -1。这是1的两个可能的平方根。当我们求1的四次方根时，如果我们使用实数，还是得到 ±1；但是如果我们使用复数，就会得到另外两个根。一般来说，1有n个n次方复数根。n个量子比特上的量子傅里叶变换矩阵包含所有单位1的2^n次方复数根。

Simon算法是基于$\boldsymbol{H}^{\otimes n}$的性质的，它使用了干涉，使得振幅要么是1要么是 -1，这意味着当我们将两项相加时，振幅要么相互抵消要么增强。Shor意识到，类似的想法可应用到量子傅里叶矩阵，只是现在的振幅不只是1或 -1，而是所有单位1的2^n次方复数根，这意味着，相比Simon算法考虑到的周期，我们可以检测到更多类型的周期。

回想一下，我们知道N，并且想把其分解成两个素数p和q。该算法选择一个满足$1 < a < N$的数a，检查N与a是否有公因数，如果是，这样我们可以推断出a是p或者q的倍数。那么我们就很容易完成分解。如果N与a互素，那么我们计算$a \bmod(N), a^2 \bmod(N), a^3 \bmod(N), \cdots$，其中$a^i \bmod(N)$意味着计算$a^i$，然后除以$N$，最后取余数。由于这些数字都是余数，所以它们都小

于 N。因此，这些数字的序列最终会重复。那么，就会存在某个数 r，使得 $a^r \bmod(N) = a \bmod(N)$。数字 r 被视为周期，Shor 算法的量子部分计算的就是这个周期。一旦找到了 r，经典算法就可以利用 r 来确定 N 的因数。

当然，这个描述相当粗略，但它给出了 Shor 算法量子部分是如何工作的一些想法。关键在于，Simon 的算法中求 s 的方法可以推广到求未知的周期 r。

实际上，这个算法已经实现了，但只适用于比较小的数。2001 年，它可用来分解 15。2012 年，它可用来分解 21。显然，目前还不能分解 300 位的数字。但是要花多长时间才能制造出分解这种数字规模的电路呢？ RSA 加密算法将不再安全似乎也只是时间的问题。

多年来，其他的加密算法也得到了发展，但 Shor 算法同样可以破解这些加密算法。很显然，我们需要研究新的加密算法，这种加密算法不仅需要抵抗经典攻击，而且需要抵抗量子计算机的攻击。

后量子密码学现在是一个非常活跃的领域，新的加密算法正在研发中。当然，这些加密算法并不一定要使用量子计算，只需要加密的信息能够抵抗量子计算机的攻击即可。但是量子的思想确实给我们提供了构造安全代码的方法。

我们已经看到了两个安全的量子密钥分发（QKD）方案：BB84 协议和 Ekert 协议。一些实验室已经成功地让 QKD 系统投入运行，还有一些公司出售 QKD 系统。在 2007 年，QKD 第一次在现实世界中使用。当时 ID Quantique 在瑞士议会选举期间建立了一个系统，以确保在计票站和日内瓦的主要投票站之间传输选票。

许多国家正在试验使用光纤的小型量子网络，通过卫星将它们连接起来，有可能形成一个全球性的量子网络。这项工作引起了金融机构的极大兴趣。

迄今为止，最令人印象深刻的成果是中国致力于量子实验的卫星——墨子号。它是以一位从事光学研究的中国古代哲学家的名字命名的。 这就是我们在前一章提到的用于量子隐形传态的卫星，它也被用于 QKD。中国的一个团队与奥地利的一个团队建立了联系，这是洲际 QKD 的首次实现。一旦连接安全，团队就可以相互发送图片。中国向奥地利发送了墨子的照片，奥地利向中国发送了薛定谔的照片。

9.2 Grover 算法与数据检索

我们正迈入大数据时代。对许多大公司来说，有效地检索庞大的数据集是当前的优先任务。Grover 算法可以加快数据搜索的速度。

在 1996 年，Lov Grover 发明了该算法。与 Deutsch 算法和 Simon 算法一样，在查询复杂性上，Grover 算法比经典算法更快。当然，要实现用于实际数据搜索的算法，我们需要能回答我们问题的 oracle，但目前还没这样的 oracle，所以我们必须构造一个算法来完成 oracle 的工作。但在开始讨论如何实现 Grover 算法之前，我们先来看看它是做什么的，以及它是如何做的。

1. Grover 算法

假设你面前有四张盖着的牌，其中一张是你想要的红心 A。那么，你需要翻开多少张牌，才可以知道红心 A 的位置？

你可能很幸运，第一次就翻到了，也可能很不幸，翻了三张牌，没有一张是红心 A。如果你很不幸，翻了三次都没有看到红心 A，那么你就知道最后一张牌一定是红心 A。所以想要知道红心 A 的位置，需要翻开牌的张数在 1 到 3 之间。因此，我们平均要翻开 2.25 张牌。

这正是 Grover 算法要解决的问题。在开始描述算法之前，我们将重述该问题。我们有四个二进制字符串：00、01、10 和 11。同时，我们有一个函数f，其中三个字符串的输出为 0，另一个字符串的输出为 1。我们想要找到输出为 1 的二进制字符串。例如，我们有$f(00)=0$、$f(01)=0$、$f(10)=1$和$f(11)=0$。现在的问题是：需要计算多少次函数值，才能找到$f(10)=1$。我们只是在重述这个问题，只是现在用的是函数而不是刚才的牌，所以答案和之前一样：平均 2.25 次。

与所有查询复杂性算法一样，我们构造一个 oracle——一个封装了函数的门。在示例中，我们只有四个二进制字符串，oracle 如图 9.1 所示。

Grover 算法的电路如图 9.2 所示。

该算法有两个步骤：第一步是翻转目标比特的概率振幅的符号；第二步是放大这个概率振幅。我们会展示该电路是如何做到这一点的。

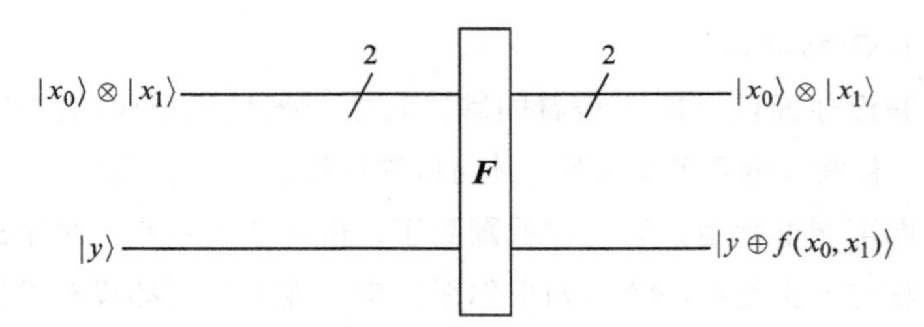

图 9.1　函数f的 oracle

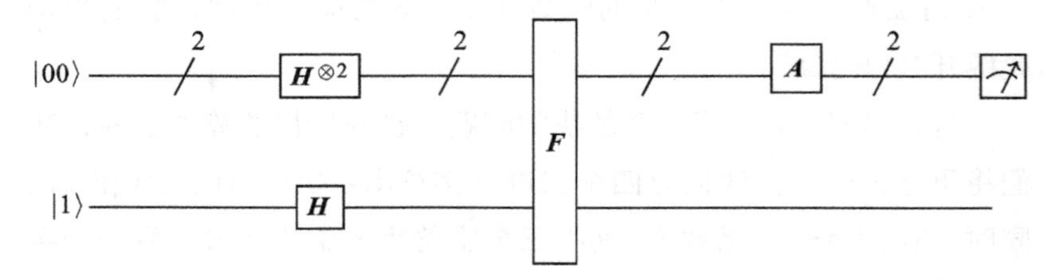

图 9.2　Grover 算法的电路图

顶部的双量子比特经过 Hadamard 门，得到如下状态

$$\frac{1}{2}(|00\rangle+|01\rangle+|10\rangle+|11\rangle)$$

底部的量子比特则得到如下状态

$$\frac{1}{\sqrt{2}}|0\rangle-\frac{1}{\sqrt{2}}|1\rangle$$

我们把该复合状态写成如下形式

$$\frac{1}{2}\left(|00\rangle\otimes\left(\frac{1}{\sqrt{2}}|0\rangle-\frac{1}{\sqrt{2}}|1\rangle\right)+|01\rangle\otimes\left(\frac{1}{\sqrt{2}}|0\rangle-\frac{1}{\sqrt{2}}|1\rangle\right)\right.$$
$$\left.+|10\rangle\otimes\left(\frac{1}{\sqrt{2}}|0\rangle-\frac{1}{\sqrt{2}}|1\rangle\right)+|11\rangle\otimes\left(\frac{1}{\sqrt{2}}|0\rangle-\frac{1}{\sqrt{2}}|1\rangle\right)\right)$$

然后这三量子比特经过 **F** 门，这会翻转目标比特的第三个量子比特的 $|0\rangle$ 和 $|1\rangle$ 。如果用我们的例子，即只有 $f(10)=1$ ，那么经过 **F** 门后，我们得到

$$\frac{1}{2}\left(|00\rangle\otimes\left(\frac{1}{\sqrt{2}}|0\rangle-\frac{1}{\sqrt{2}}|1\rangle\right)+|01\rangle\otimes\left(\frac{1}{\sqrt{2}}|0\rangle-\frac{1}{\sqrt{2}}|1\rangle\right)\right.$$
$$\left.+|10\rangle\otimes\left(\frac{1}{\sqrt{2}}|1\rangle-\frac{1}{\sqrt{2}}|0\rangle\right)+|11\rangle\otimes\left(\frac{1}{\sqrt{2}}|0\rangle-\frac{1}{\sqrt{2}}|1\rangle\right)\right)$$

这可以写成如下形式

$$\frac{1}{2}(|00\rangle+|01\rangle-|10\rangle+|11\rangle)\otimes\left(\frac{1}{\sqrt{2}}|0\rangle-\frac{1}{\sqrt{2}}|1\rangle\right)$$

结果是：顶部的双量子比特没有与底部的单量子比特发生纠缠，但是我们翻转了 $|10\rangle$ 的概率振幅的符号，这与我们目标比特相对应。

这时，如果测量顶部的双量子比特，我们将得到四个基态中的一个，且四个答案都是等可能的。我们需要另一个技巧，那就是振幅放大。振幅放大的工作原理是根据均值翻转一系列数字。如果一个数字高于均值，它就会翻转到均值之下。如果一个数字低于均值，它就会翻转到均值之上。每种情况下，都保持与均值的距离不变。举例来说，我们使用四个数字 1、1、1 和 −1，它们的和是 2，均值是 $\frac{1}{2}$ 。现在我们来看看这列数字。第一个数字是 1，它比均值高 $\frac{1}{2}$ ，我们根据均值对它进行翻转，此时它变成了 0。最后一个数字是 −1，它比均值低 $\frac{3}{2}$ ，我们根据均值对它进行翻

转，此时它变成了 2。

顶部的双量子比特现在是如下状态

$$\frac{1}{2}|00\rangle+\frac{1}{2}|01\rangle-\frac{1}{2}|10\rangle+\frac{1}{2}|11\rangle$$

如果根据均值翻转概率振幅，我们得到 $0|00\rangle+0|01\rangle+1|10\rangle+0|11\rangle=|10\rangle$。当我们测量它时，必定会得到 10，所以根据均值翻转概率振幅确实是我们想要实现的。我们只需确定存在一个门，或者说，存在一个正交矩阵的作用就是根据均值翻转概率振幅即可。它就是

$$\boldsymbol{A}=\frac{1}{2}\begin{bmatrix}-1 & 1 & 1 & 1\\ 1 & -1 & 1 & 1\\ 1 & 1 & -1 & 1\\ 1 & 1 & 1 & -1\end{bmatrix}$$

当这个门作用在顶部的双量子比特时，我们得到

$$\boldsymbol{A}\left(\frac{1}{2}|00\rangle+\frac{1}{2}|01\rangle-\frac{1}{2}|10\rangle+\frac{1}{2}|11\rangle\right)=\frac{1}{4}\begin{bmatrix}-1 & 1 & 1 & 1\\ 1 & -1 & 1 & 1\\ 1 & 1 & -1 & 1\\ 1 & 1 & 1 & -1\end{bmatrix}\begin{bmatrix}1\\ 1\\ -1\\ 1\end{bmatrix}=\begin{bmatrix}0\\ 0\\ 1\\ 0\end{bmatrix}=|10\rangle$$

在这个例子中，我们只有两个量子比特，只需要查询 oracle 一次。所以，对于 $n=2$ 的情况，Grover 的算法只需查询一次就能给出确定的答案，而经典情况下平均需要查询 2.25 次。

同样的思想也适用于 n 量子比特。首先我们翻转目标比特的概率振幅的符号，然后根据均值翻转概率振幅。然而，一般来说振幅放大并不像双量子比特那样剧烈。例如，如果我们有 8 个数，

其中 7 个是 1，另一个是 -1，它们的和是 6，均值是 $\frac{6}{8}$。当我们根据均值翻转时，所有的 1 都变成 $\frac{1}{2}$，-1 变成 $\frac{10}{4}$。结果是，如果我们有三量子比特，在进行振幅放大后，当我们测量量子比特时，就会以较高的概率得到目标比特。令人担忧的是，我们仍有可能得到错误的答案。我们希望得到正确答案的概率更高，希望在测量之前将振幅放得更大。解决办法是我们把所有的量子比特再一次通过 Grover 算法的电路，再次翻转目标比特的概率振幅的符号，然后再次根据均值翻转概率振幅。

一般情况下，我们想要找到在 m 个可能的位置中的一个。经典算法中，最坏的情况下需要查询 $m-1$ 次，且查询次数的增长速度就是 m。Grover 给出了一个公式，计算出为了以极高的概率获得正确答案，我们应该使用其电路的次数。该公式给出的查询次数的增长速度是 $\sqrt{m}$，这是二次加速。

2.Grover 算法的应用

实现该算法有很多问题。首先，二次加速是针对查询复杂性来说的。如果我们需要使用 oracle，那么我们需要实际构造它，而且如果不小心，oracle 计算所涉及的步骤数量将超过算法所节省的步骤数量，从而导致算法比经典算法慢。另一个问题是，在计算加速时，我们假设数据集中没有基本的顺序。如果有这样的顺序结构，我们通常可以找到利用该顺序结构的经典算法，这比随机猜测能更快地找到目标解。最后一个问题是加速。二次加速与我们在其他算法中看到的指数加速完全不同。我们不能做得更好吗？让我们来看看这些问题。

涉及实现 oracle 和数据集结构的问题都是有根据的，这表明 Grover 算法并不适用于大多数数据库检索。但在某些情况下，数据结构可能可以构造出一个高效工作的 oracle。在这种情况下，该算法比经典算法更快。关于我们能否比二次加速做得更好的问题已经得到了回答，已经有人证明了 Grover 算法是最优的，没有一个量子算法可以以高于二次加速的速度来解决这个问题。二次加速虽然不如指数加速那么令人印象深刻，但却很有用。当你有大量的数据集时，任何加速都是有价值的。

Grover 算法的主要应用可能不会像以前那样适用于该算法，而是适用于它的变体。特别地，振幅放大是一个相当有用的概念。

我们已经介绍了一些算法，但是 Shor 算法和 Grover 算法被认为是最重要的。许多其他的算法都建立在这两个算法的基础上[⊖]。现在我们把注意力从算法转移到量子计算的其他应用上。

9.3 化学与模拟

1929 年，保罗・狄拉克（Paul Dirac）写了一篇关于量子力学的论文，当中提到：“物理学和化学中所必须的大部分数学基本定律都是完全已知的，而困难在于这些定律的实际应用导致方程式变得十分复杂而难以求解。”

理论上，化学都涉及原子间的相互作用和电子的结构。从根

⊖ 在线量子算法全集的网址为 https://quantumalgorithmzoo.org/，旨在提供所有量子算法的综合目录。

本上说，数学就是量子力学。尽管我们能写出方程，但却不能精确地解出它们。在实践中，化学家会使用近似值而不是精确值，这些近似值忽略了很多细节。计算化学也采用了近似值，运行效果还不错。大部分情况下，经典计算机都能给出很好的答案，但也有一些领域是目前的计算机无法解决的。近似值不够好，意味着你需要更多的细节。

费曼认为量子计算机的主要应用之一是模拟量子系统。利用量子计算机来研究属于量子世界中的化学是一个很有潜力的自然想法。量子计算有望在许多领域都做出重要贡献，其中之一就是了解氮化酶是如何用来制造肥料的。目前生产肥料的方法需要释放大量的温室气体，消耗大量的能源。量子计算机可以在理解这一反应和其他催化反应方面发挥重要作用。

芝加哥大学有一个研究小组正在研究光合作用。将阳光转化成化学能是一个快速而高效的过程，这是一个量子力学过程。他们的长远目标是了解这个过程，然后将其用于光伏电池。

超导性和磁性都是量子力学现象。量子计算机也许能帮助我们更好地理解这些现象。其中一个目标是开发不需要冷却到接近绝对零度的超导体。

虽然量子计算机的实际建造尚处于初级阶段，但即使只有几个量子比特也可以研究化学。IBM 最近在一个 7 量子比特量子处理器上模拟了氢化铍分子 (BeH_2)，这是一个相对较小的分子，它只有三个原子。模拟过程没有使用经典计算方法中使用的近似值。然而，由于 IBM 的处理器只使用几个量子比特，因此可以使用经典计算机模拟量子处理器。所以，在这个量子处理器上可以做的所有事情都可以用经典计算机来完成。但是，当处理器包含更多的量子比特时，我们将就无法再用经典计算机去模拟它们了。我们将很快进入一个新时代，届时量子模拟将超越任何经典计算机的能力。

我们已经看到了量子计算的一些可能的应用，接下来，我们将简要介绍一些用于构建量子计算机的方法。

9.4 硬件

实际上，要建造出通用量子计算机，你需要解决一系列的问题，其中最严重的是退相干问题——量子比特与一些环境中不属于计算部分的东西相互作用的问题。你需要将量子比特设置为初始状态，并将其保持在初始状态，直到你使用它为止。你还需要构造量子门和量子电路。那什么是好的量子比特呢？

光子具有易于初始化和易于纠缠的有用特性，而且它们与环境的相互作用不大，因此它们能长时间保持相干。另一方面，要储存光子并在需要的时候准备好它们是很困难的。光子的特性使它们成为通信的理想选择，但在构建量子电路时，它们的问题更大。

我们经常用电子自旋作为例子。这个可以用吗？前面我们提到了用于无孔贝尔测试的装置，它使用了在人造钻石中的电子，这些都是用激光照射的，但是问题一直在扩大。你可以构造一个或两个量子比特，但目前不可能产生大量的量子比特。除了使用电子以外，还尝试了使用原子核的自旋，但可扩展性又是一个问题。

另一种方法是利用离子的能级。离子阱计算使用的是被电磁场保持在一定位置的离子。为了保持离子阱振动的最小化，我们需要把所有东西冷却到接近绝对零度。离子的能级可以对量子比特进行编码，激光可以操纵这些量子比特。1995 年，大卫·维因兰德（David Wineland）利用离子阱建造了第一个 CNOT 门，并因此获得了诺贝尔奖。2016 年，NIST 的研究人员纠缠了 200 多个铍离子。未来的量子计算机的建造确实有可能使用离子阱，但人们也正在使用多种不同的方法建造。

为了尽量减少量子计算机与环境的相互作用，它们需要受到光和热的保护。它们会被屏蔽以防电磁辐射的影响，以及它们会被冷却。在寒冷的地方可能发生的一件事是某些材料变成超导体，然后它们失去了所有的电阻，而且超导体具有可以利用的量子特性，这些涉及所谓的 Cooper 对和 Josephson 结。

超导体中的电子配对，形成所谓的 Cooper 对。这些电子对的作用就像单个粒子一样。如果你把超导体的薄层夹在绝缘体的薄层之间，你就得到了 Josephson 结[⊖]。这些结现在被用于物理和工程领域，用来制造测量磁场的灵敏仪器。对于我们来说，一个重要的事实是：在包含 Josephson 结的超导回路中，Cooper 对的能级是离散的，可以用来编码量子比特。

IBM 在其量子计算机中使用超导量子比特。2016 年，IBM 推出了一款 5 量子比特处理器，在云端上免费提供给大众使用。只要你设计的量子电路使用的量子比特少于或等于 5 个，那么你的

⊖ 布莱恩·戴维·约瑟夫森（Brian David Josephson）因其关于 Cooper 对如何通过量子隧道通过 Josephson 结的研究获得了诺贝尔物理学奖。

量子电路就可以在这台量子计算机上运行。IBM 的目标是将量子计算引入广泛的用户中。像超密编码的电路、贝尔不等式的电路和氢原子模型的电路，都可以在这台机器上运行。一个原始版本的战舰也已经开始运行了，程序员声称，他们正在构建第一个量子计算机多人游戏。2017 年底，IBM 将一台 20 量子比特的量子计算机连接到云端，但这一次不是为了教育，而是一次商业冒险，因为公司可以在这里购买访问权限。

Google 正在研制它的量子计算机，它也使用超导量子比特。Google 将在不久的将来拥有一台 72 量子比特的量子计算机。这个数字有什么特别之处?

如果量子计算机没有太多的量子比特，那么经典计算机就可以模拟量子计算机，但是随着量子比特数量的增加，我们将不可能实现这一模拟。Google 有望达到或超过这个数字，从而实现量子霸权——这是第一次在量子计算机上运行一个在经典计算机上无法运行或模拟的算法。然而，IBM 不会不战而退，它的研究团队最近使用一些创新的想法，找到了一种方法通过经典计算机可以模拟一个 56 量子比特的系统，这增加了量子霸权所需的量子比特数量的下界。

随着建造量子计算机的工作继续进行，我们很可能会在其他领域看到它的衍生品。无论我们如何编码量子比特，它们都对与周围环境的相互作用很敏感。当我们更好地理解这些相互作用后，我们将能够建造更好的护盾来保护量子比特，同时我们也将能够设计出量子比特测量其周围环境的方法。例如，在人造钻石中的电子，它们对磁场非常敏感。NVision Imaging Technologies 是一家初创公司，该公司正在利用这一理念来建造核磁共振机，希望能比目前的核磁共振机更好、更快、更便宜。

量子退火

D-Wave 已经在出售量子计算机了，它们最新的型号为 D-Wave 2000Q。顾名思义，该计算机有 2000 个量子比特。然而，它们的量子计算机并不是通用的，它们是为了解决某些优化问题，通过使用量子退火设计出来的。我们将对此作简要说明。

铁匠经常需要锤击和弯曲金属。在此过程中，金属可能会硬化，即晶体结构中发生各种应力和变形，这使得铁匠难以工作。传统退火方法能恢复均匀晶体结构，使金属再次具有可锻性。做法是把金属片加热到高温，然后再将它慢慢冷却。

模拟退火是一种基于退火的标准技术，可用于解决某些优化问题。例如，假设我们有图 9.3 所示的图形，把这个图想象成一个二维的桶底，我们希望找到这个桶的最低点——绝对最小值。我们把一个滚珠扔进桶里，滚珠会落在其中一个谷底，这几个谷底我们分别标记为 A、B 和 C。我们想要找到的是 C。滚珠可能会落在 A 而不是 C。退火过程中的重要观察是：将滚珠推到山上并让其落在 B 所需的能量远小于把滚珠从 B 向上推并让它落进谷底 A 所需的能量。所以，我们以 A、B 这两个值之间的某一个能级来摇动桶。滚珠可以从 A 摇到 B，但不能从 B 摇到 A。在这个能级上摇动一段时间后，滚珠最终会落在 A 或 B。但继续在这个能级上摇动，可以将滚珠从 C 摇到 B。接下来，我们以更小的力去摇动桶，我们发现，有足够的能量将滚珠从 B 摇到 C，但不足以让它从 C 摇到 B。

在实践中，你开始摇动桶，并逐渐减小摇动的力量，这相当于在传统退火过程中逐渐冷却金属片。最终滚珠落在最低点，也就是说你已经求出了函数的绝对最小值。

量子退火增加了量子隧穿，这是一个量子效应，在这个效应中，滚珠只是出现在山的另一侧，它是穿过去的，而不是滑过去的。你可以减少滚珠穿过隧道的长度，而不用减少滚珠爬山的高度。

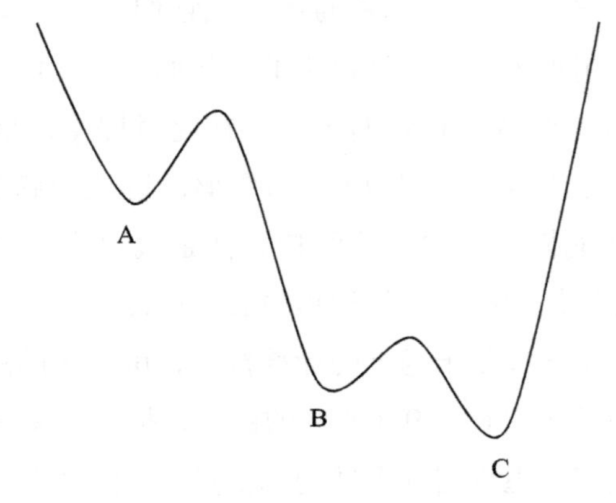

图 9.3　桶底函数图

D-Wave 已经生产了许多商用量子计算机，这些计算机使用量子退火来解决优化问题。起初，他们对计算机是否真的可以使用量子隧道持怀疑态度，但现在人们普遍认为这些计算机确实使用了量子隧道。量子计算机是否比传统计算机快，仍然存在一些问题，但人们已经开始购买量子计算机了。Volkswage、Google 和 Lockheed Martin 等公司都购买了 D-Wave 的机器。

在简要介绍了硬件之后，我们将讨论更深层次的问题。关于我们自己本身、关于宇宙，量子计算告诉了我们什么？在最基本的层面上，计算是什么？

9.5　量子霸权与平行宇宙

三个比特有 8 种可能的组合：000、001、010、011、100、101、110、111。数字 8 来自 2^3。第一位有 2 种选择，第二位和第三位同样都有 2 种选择，我们把这三个 2 相乘就可得到 8。如果我们把比特换成量子比特，那么这 8 个三比特串中的每一个都与一个基向量相关联，所以向量空间是 8 维的。同样的分析告诉我们，如果我们有 n 个量子比特，那么就有 2^n 个基向量，空间将是 2^n 维的。随着量子比特数量的增加，基向量的数量呈指数增长，空间维数将会迅速变大。

如果我们有 72 个量子比特，那么基向量的数目就是 2^{72}，这大约是 4 000 000 000 000 000 000 000，这是一个很大的数字，且被认为是在经典计算机无法模拟量子计算机的点附近。一旦量子计算机拥有超过 72 个左右的量子比特，我们将进入量子霸权的时代，届时量子计算机可以进行任何经典计算机都无法进行的计算。正如我们前面提到的，预计 Google 将宣布量子霸权时代的到来。(D-Wave 最新的量子计算机虽然有 2000 个量子比特，但这台特殊的机器还不能超越传统计算机，所以它并没有打破量子霸权的屏障。)

考虑一台有 300 个量子比特的量子计算机。在不远的将来，这个数字似乎还算合理，但是 2^{300} 是一个巨大的数字。它比现在已知宇宙中基本粒子的数量还多！使用 300 个量子比特做计算即使用 2^{300} 个基向量。大卫 · 杜齐问道：在哪里可以完成这样的计算，它涉及的基向量数比宇宙中粒子的数量还多。因此，他认为我们需要引入平行宇宙，且平行宇宙间会相互协作。

这种量子力学和平行宇宙的观点可以追溯到休·埃弗莱特（Hugh Everett）。他的观点是：每当我们进行测量时，宇宙就会分裂成几个副本，每个副本都包含不同的结果。尽管这只是少数人的观点，但杜齐却坚信这一点。杜齐在1985年发表的论文是量子计算的基础论文之一，而且他的研究目标之一就是为平行宇宙提出一个案例，他希望有一天会有一个类似贝尔测试的实验来证实这个解释。

9.6 计算

艾伦·图灵是计算理论的创始人之一。1936年，他发表了具有里程碑意义的论文，仔细思考了关于计算的问题，以及人类在进行计算时所做的事情，并将其分解为最基本的层次。他展示了一个简单的理论机器，现在称为图灵机，可以执行任何算法。图灵的理论机器演变成现代的计算机，它们是通用计算机。图灵的分析向我们展示了最基本的操作，这些涉及比特的操作。但是记住，图灵是根据人类的行为来分析计算的。

弗雷德金、费曼和杜齐认为宇宙会计算——计算是物理学的一部分。随着量子计算的发展，人们的关注点从人类如何计算转向了宇宙如何计算。杜齐在1985年发表的论文被视为计算理论中一篇里程碑式的论文。他在文章中指出，计算的基本对象不是比特，而是量子比特。

我们已经看到，我们将很快进入量子霸权的时代，这意味着我们将拥有经典计算机不能模拟的量子计算机，但是反过来呢？量子计算机能模拟经典计算机吗？答案是肯定的。任何经典计算都可在量子计算机上进行。因此，量子计算比经典计算更为普遍。量子计算并不是做一些特殊计算的奇怪方法，相反，它是一种将计算看作一个概念的新方法。我们不应该把量子计算和经典计算看作是两个截然不同的学科。计算实际上就是量子计算，经典计算只是量子计算的特例。

从这个角度来看，经典计算似乎是一种以人为中心的计算。正如哥白尼指出了地球不是宇宙的中心，达尔文指出了人类是从其他动物进化而来的，我们现在开始看到的计算并不是以人类为中心的。量子计算代表了一个真正的范式转变。

我并不是说经典计算将会过时，但是人们会接受具有更基本形式的计算，而最基本的计算包括量子比特、量子纠缠和量子叠加。目前的重点是证明某些量子算法比经典算法更快，但这一点将会改变。量子物理学的历史比量子计算还长。现在量子计算也被视为一门学科。物理学家不会试图将量子物理学与经典物理学进行比较，而是希望证明量子物理学在某些方面比经典物理学更好。他们在各自的领域研究量子物理。量子计算也会发生同样的转变。我们被赋予了新的工具来改变学习计算的方式，我们将用它们来做实验，看看能创造出什么新东西。这始于隐形传态和超密编码，并将继续下去。

我们正在进入一个新的时代，用一种新的方式来思考计算到底是什么。我们无法预估将会发现什么，但现在正是探索和创新的时候。量子计算最伟大的年代就在我们面前。

推荐阅读

量子编程基础

作者：应明生 译者：张鑫 等 ISBN：978-7-111-63129-3 定价：139.00元

引领“量子数据+量子控制”范式，推动从量子理论到量子工程的新浪潮！

本书对量子编程这一课题进行了系统和详尽的探索，将研究重点放在不同量子编程语言和技术所广泛使用的基础概念、方法和数学工具上。全书从量子力学和量子计算的基础概念开始，详细介绍了多种量子程序结构和一系列量子编程模型。此外，还系统地讨论了量子程序的语义、逻辑和分析与验证技术。

本书特色

- 系统性地阐释量子编程理论，一步步揭开量子计算的神秘面纱。
- 包含许多用于开发、分析和验证量子程序和量子加密协议的方法、技术和工具，对于学术界和工业界的研究者和开发人员都极具价值。
- 涵盖量子力学、数学和计算机科学的相关预备知识，并指出其在量子工程和物理学中的潜在应用，呈现了量子编程的跨学科特性。